水资源监测与保护

胡丽娟　曹燕文　刘剑锐　张文韬　著

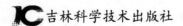吉林科学技术出版社

图书在版编目（CIP）数据

水资源监测与保护 / 胡丽娟等著. -- 长春：吉林
科学技术出版社, 2024.5
ISBN 978-7-5744-1295-8

I. ①水… II. ①胡… III. ①水资源－监测②水资源
保护 IV. ①TV213.4

中国国家版本馆 CIP 数据核字(2024)第 086878 号

水资源监测与保护
SHUIZIYUAN JIANCE YU BAOHU

作　　者	胡丽娟　曹燕文　刘剑锐　张文韬
出 版 人	宛　霞
责任编辑	杨超然
封面设计	树人教育
制　　版	树人教育
幅面尺寸	185mm×260mm
开　　本	16
字　　数	280 千字
印　　张	12.75
印　　数	1-1500 册
版　　次	2024 年 5 月第 1 版
印　　次	2025 年 1 月第 1 次印刷
出　　版	吉林科学技术出版社
发　　行	吉林科学技术出版社
地　　址	长春市南关区福祉大路 5788 号出版大厦 A 座
邮　　编	130118

发行部电话/传真　0431—81629529　　81629530　　81629531
　　　　　　　　　　　81629532　　81629533　　81629534

储运部电话　0431-86059116

编辑部电话　0431-81629510

印　　刷	长春市华远印务有限公司
书　　号	ISBN 978-7-5744-1295-8
定　　价	64.00 元

前　言

　　水是生命之源，对于人类的生存和发展至关重要。水对于我们而言有着不可替代的重要性。有人说，一个人在没有食物的情况下只能生活三天，但是如果有水的话，人的生命可以维持 7 天或者更长。然而随着人口的增长、工业的发展和城市化进程的加速，水资源的供需矛盾日益加剧，水污染和水资源的浪费问题也变得越来越严重。因此，水资源的监测与管理变得尤为重要。

　　水的质量直接关系到人类的健康和生产生活质量。通过对水体的监测，可以了解水的污染程度，从而制订相应的管控措施，保障人类的健康和环境的卫生。水资源管理的关键在于可持续利用。通过对水资源的监测，可以了解水资源的储量和消耗情况，制定相应的管理措施，合理利用水资源，保证水资源的可持续利用。水资源的管理需要科学化，水资源监测为水资源管理提供可科学依据。通过对水资源的监测和统计，可以对水资源进行规划和管理，制订科学的水资源管理方案，提高效益和管理水平。

　　本书共分为八章。第一章介绍了水文水资源的基础知识，水文现象及水资源的特征，以及水文学与水资源学二者之间的关系。第二章介绍了水环境标准与水环境监测。第三章介绍了水体污染与水质监测，水质检测方案的制订，以及水样的采集、保存与预处理。第四章从水环境污染的水质生物监测角度出发，介绍了污水的生物处理系统及水中污染生物检测与检验。第五章从水环境中抗生素药物的污染现状、主要来源以及重金属对抗生素抗性的影响分析几个角度介绍了典型水环境污染的监测方法。第六章概述了水资源管理，介绍了国内外水资源管理概况、水资源法律管理、水资源水量及水质管理、水价管理及水资源管理信息系统。第七章从水资源数量评价、品质评价、综合评价及开发利用评价几个方面介绍了水资源的评价。第八章介绍了水资源可持续利用含义、评价，及水资源承载能力、利用工程、保护及保护措施几个方面。

　　水资源的监测和保护需要人们的共同努力。只有将水资源的监测和保护工作落实到实际行动，才能保证水资源的可持续利用，促进人类的经济发展与社会进步。

编委会

内容简介

　　水是生命之源，对于人类的生存和发展至关重要。然而随着人口的增长、工业的发展和城市化进程的加速，水资源的需求量越来越大，同时水污染与水资源问题日益加剧，因此，水资源的监测与保护变得尤为重要。

　　本书从水文水资源的基础知识入手，首先叙述了水环境标准与水环境监测等方面的内容，然后从水环境污染的监测、水环境污染的水质生物监测以及典型水环境污染的监测方法三方面分析探讨了水资源的监测；接着阐述了水资源的管理与评价，最后探讨了水资源可持续利用与保护。

目　录

第一章　水文水资源基础知识

第一节　水文与水资源学的基本知识

一、水文学的定义、研究对象、研究内容及其分类

水文学是研究地球上各种水体的存在、分布、运动及其变化规律的学科，主要探讨水体的物理、化学特性和水体对生态环境的作用。水体是指以一定形态存在于自然界中的水的总称，如大气中的水汽，地面上的河流、湖泊、沼泽、海洋、冰川，以及地面下的地下水。各种水体都有自己的特征和变化规律，因此，按水体在地球圈层的分布情况，水文学可分为水文气象学、地表水文学和地下水文学；按水体在地球表面的分布情况，地表水文学又可分为海洋水文学和陆地水文学。

第一，水文气象学。水文气象学即运用气象学来解决水文问题，是水文学与气象学间的边缘学科，主要研究大气水分形成过程及其运动变化规律，亦可解释为研究水在空气中和地面上各种活动现象（如降水过程、蒸发过程）的学科。例如，可能最大降水量，即属于水文气象学中的问题。

第二，海洋水文学。海洋水文学又称海洋学，主要研究海水的物理、化学性质，海水运动和各种现象的发生、发展规律及其内在联系的学科。海水的温度、盐度、密度、色度、透明度、水质，以及潮汐、波浪、海流和泥沙等与海上交通、港口建筑、海岸防护、海洋资源开发、海洋污染、水产养殖和国防建设等有密切关系。

第三，陆地水文学。陆地水文学主要研究存在于大陆表面上的各种水体及其水文现象的形成过程与运动变化规律的学科，按研究水体的不同又可分为河流水文学、湖泊水文学、沼泽水文学、冰川水文学、河口水文学等。在天然水体中，

河流与人类经济生活的关系最为密切，因此，河流水文学与其他水体水义学相比，发展得最早、最快，目前已成为内容比较丰富的一门学科。

河流水文学按研究内容的不同，可划分为以下一些学科：1.水文测验学及水文调查。研究获得水文资料的手段和方法、水文站网布设理论、水文资料观测与整编方法、为特定目的而进行的水文调查方法及资料整理等；2.河流动力学。研究河流泥沙运动及河床演变的规律；3.水文学原理。研究水分循环的基本规律和径流形成过程的物理机制；4.水文实验研究。运用野外实验流域和室内模拟模型来研究水文现象的物理过程；5.水文地理学。根据水文特征值与自然地理要素之间的相互关系，研究水文现象的地区性规律；6.水文预报。根据水文现象变化的规律，预报未来短时期（几小时、几天）或中长期（几天、几个月）内的水文情势；7.水文分析与计算。根据水文现象的变化规律，推测未来长时期（几十年到几百年以上）内的水文情势。此外，还有研究水体化学与物理性质的水文化学与水文物理学。

第四，地下水文学。地下水文学主要研究地壳表层内地下水的形成、分布、运动规律及其物理性质、化学性质，对所处环境的反应以及与生物关系的学科。

二、水资源学的定义、性质及其主要内容

水资源学是在认识水资源特性、研究和解决日益突出的水资源问题的基础上，逐步形成的一门研究水资源形成、转化、运动规律及水资源合理开发利用基础理论并指导水资源业务（如水资源开发、利用、保护、规划、管理）的学科。

水资源学的学科基础是数学、物理学、化学、生物学和地球科学，而气象学、水文学（含水文地质学）则是直接与水资源的形成和时空变化、动态演变有关的专业基础学科，水资源的开发利用则涉及经济学、环境学和管理学。水资源学的发展动力是人类社会生存和发展的需要。水资源学研究的核心是人类社会发展和人类生存环境演变过程中水供需问题的合理解决途径。因此，水资源学带有自然科学、技术科学和社会科学的性质，但主要是技术科学，体系上属于水利科学中的一个分支。

水资源学的基本内容包括以下七个方面。

第一，全球和区域水资源的概况。这是进行水资源学研究的最基本内容。关于全球水储量和水平衡，20世纪70年代曾由联合国教科文组织在国际水文发展十年计划（IHD）中进行过分析。自1977年联合国水会议号召各国进行本国的水资源评价活动之后，有多数国家进行了此项工作，并取得了一批基础成果。

这些成果为了解各国的水资源概况及其基本问题以及世界上的水资源形势提供了依据，也是各国水资源工作的出发点。

第二，水资源规划。水资源规划重点是在对区域水资源的多种功能及特点进行分析的基础上，结合区域的历史、地理、社会和经济特点提出水资源合理开发利用的原则和方法；在区分水资源规划和水利规划关系的基础上，叙述水资源规划的各类模型，包括结合水质和水环境问题的治理和保护规划，以及结合地区宏观经济和社会发展的水资源规划理论和方法等。

第三，水资源管理。水资源管理包括对水资源的管理原则、体制和法规等，如统一管理和分散管理、统一管理和分级分部门的管理体制的比较等；对不同水源、不同供水目标，以及包括其他用水要求的合理调度及分配方法、水资源保护和管理模型及专家系统，管理的行政、经济、法规手段的分析等。

第四，水资源决策。水资源决策包括水资源决策和水利决策的关系和配合、水资源决策的条件和决策支持系统的建立、决策风险分析和决策模型等。

第五，水资源评价。水资源评价不仅限于对水文气象资料的系统整理与图表化，还应包括对水资源供需情况的分析和展望等水资源中心问题。各国都在进行水资源评价活动，通过对评价的方向、条件、方法论和范围的经验总结，为指导今后的水资源评价工作提供了科学基础。

第六，水资源与全球变化。水资源与全球变化包括全球变化对水资源影响的分析、水资源的相应变化与水资源供需关系的分析等。

第七，与水资源学有关的交叉学科。由于水资源问题的重要性和社会性，许多独立学科在介入水资源问题时发展了和水资源学的共同交叉学科，如水资源水文学、水资源环境学、水资源经济学等。虽然从本质上讲这些新的交叉学科属于水文学、环境学和经济学，但都是直接为水资源的开发、利用、管理和保护服务的，带有专门性质，也应在水资源学中有所反映，并说明水资源问题的多方位性。

第二节　水文现象及水资源的特征

一、水文现象的概念及其基本特性

地球上的水在太阳辐射和重力作用下，以蒸发、降水和径流等方式周而复始地循环着。水在循环过程中的存在和运动的各种形态统称为水文现象。水文现象在时间和空间上的变化过程具有以下特点。

第一，水文过程的确定性规律。从流域尺度考察一次洪水过程，可以发现暴雨强度、历时及笼罩面积与所产生的洪水之间的因果联系。从大陆或全球尺度考察，各地每年都出现水量丰沛的汛期和水量较少的枯季，表现出水量的季节变化，而且各地的降水与年径流量都随纬度和离海距离的增大而呈现出地带性变化的规律。上述这些水文过程都可以反映客观存在的一些确定性的水文规律。

第二，水文过程的随机性规律。自然界中的水文现象受众多因素的综合影响，而这些因素本身在时间和空间上也处于不断变化的过程之中，并且相互影响着，致使水文现象的变化过程。特别是长时期的水文过程表现出明显的不确定性，即随机性，如年内汛、枯期起讫时间每年不同，河流各断面汛期出现的最大洪峰流量、枯季的最小流量或全年来水量的大小等各年都是变化的。

二、水资源的概念及其基本特性

（一）水资源的概念

目前，关于水资源的概念尚未形成公认的定义。在国内外文献中，对水资源的概念有多种提法，其中具有一定代表性的有以下内容。

在《英国大百科全书》中，水资源被定义为："全部自然界任何形态的水，包括气态水、液态水和固态水的全部水量。"

1963年通过的《英国水资源法》中，水资源则被定义为："具有足够数量的可用水源。"

在联合国教科文组织和世界气象组织共同制定的《水资源评价活动——国家评价手册》中，将水资源定义为："可利用或有可能被利用的水源，具有足够的数量和可用的质量，并能在某一地点为满足某种用途而可被利用。"

苏联水文学家O.A.斯宾格列尔在其所著的《水与人类》一书中指出："所谓水资源，通常可理解为某一区域的地表水（河流、湖泊、沼泽、冰川）和地下水储量。水资源储量可分为更新非常缓慢的永久储量和年内可恢复的储量两类，在利用永久储量时，水的消耗不应大于它的恢复能力。"

《中国水资源初步评价》中将水资源定义为"逐年可得到恢复的淡水量，包括河川径流量和地下水补给量"，并指出大气降水是河川径流和地下水的补给来源。

《中国大百科全书·气海水卷》提出："水资源是地球表层可供人类利用的水，包括水量（质量）、水域和水能资源。但主要是每年可更新的水量资源。"

上述各定义彼此差别较大：有的把自然界各种形态的水都视为水资源；有的只把逐年可以更新的淡水作为水资源；有的把水资源与用水联系考虑；有的除了水量之外，还把水域和水能列入水资源范畴之内。如何确切地给水资源下定义呢？这一问题值得进一步探索和研究。

水资源概念的确定应考虑以下原则。

第一，水作为自然环境的组成要素，既是一切生物赖以生存和发展的基本条件，又是人类生活、生产过程中不可缺少的重要资源，前者用于水的生态功能，后者则是水的资源功能。地球上存在多种水体，有的可以直接取用，资源功能明显，如河流水、湖泊水和浅层地下水；有的不能直接取用，资源功能不明显，如土壤水、冰川和海洋水。一般只宜把资源功能明显的水体作为水资源。

第二，人类社会各种活动的用水，都要求有足够的数量和一定的质量。随着工农业生产发展和人民生活水平的提高，人类对水量和水质的要求也愈来愈高，这就要求有更多的水源具有良好的水质和好的补给条件，能保证长期稳定供水，不会出现水质变坏或水量枯竭的现象。因此，水资源应该与社会用水需求密切联系。社会用水需求包含"水量"和"水质"两方面的含义。也就是说，只有逐年可以更新并满足一定水质要求的淡水水体才可作为水资源。

第三，地表、地下的各种淡水水体均处在水循环系统中，它们能够不断地得到大气降水的补给。参与水循环的水体补给量称为动态水量，而水体的储量称为静态水量。为了保护自然环境、维持生态平衡和保证水源长期不衰，一般只能取用动态水量，不宜过多动用静态水量，静态水量的一部分可作为调节备用水量。水资源的数量应以参与水循环的动态水量（即水体的补给量）来衡量。把静态水量计入水资源量的观点完全忽视了水的生态功能，不利于水资源的合理开发和综合利用。

第四，人类对水资源的开发利用，除了采用工程措施直接引用地表水和地下水外，还可通过生物措施利用土壤水，使无效蒸发转化为有效蒸发。农作物的生长与土壤水有密切的关系，不考虑土壤水的利用，就不能正确估计农作物的需水定额。大气降水是地表水、地下水、土壤水的补给来源，所以土壤水和大气降水也应列入水资源的研究范畴。

（二）水资源的基本特性

水是自然界的重要组成物质，是环境中最活跃的要素。它不停地运动着，积极参与自然环境中一系列物理的、化学的和生物的作用过程，在改造自然的同时也不断地改造自身的物理、化学与生物学特性，并由此表现出水作为地球上重要自然资源所独有的性质特征。

1.储量的有限性

水资源处在不断地消耗和补充过程中，具有恢复性强的特征。但实际上全球淡水资源的储量是十分有限的。全球的淡水资源仅占全球总水量的2.5%，大部分储存在极地冰帽和冰川中，真正能够被人类直接利用的淡水资源仅占全球总水量的0.8%。从水量动态平衡的观点来看，某一期间的水消耗量应接近于该期间的水补给量，否则将会破坏水平衡，造成一系列不良的环境问题。可见，水循环过程是无限的，水资源的储量是有限的。

2.时空分布的不均匀性

水资源在自然界中具有一定的时间和空间分布。时空分布的不均匀性是水资源的又一特性。全球水资源的分布表现为极不均匀性,如大洋洲的径流模数为51.0立方米/秒×平方千米、澳大利亚仅为1.3立方米/秒×平方千米、亚洲为10.5立方米/秒×平方千米,最高值和最低值相差数十倍。我国水资源在区域上分布极不均匀,总体上表现为东南多,西北少;沿海多,内陆少;山区多,平原少。在同一地区中,不同时间分布差异性很大,一般夏多冬少。

3.资源的循环性

水资源与其他固体资源的本质区别在于其所具有的流动性,它是在循环中形成的一种动态资源,具有循环性,这是水资源具有的最基本特征。水循环系统是一个庞大的天然水资源系统,处在不断的开采、补给、消耗和恢复的循环之中,可以不断地供给人类利用和满足生态平衡的需要。

4.利、害的两重性

水资源与其他固体矿产资源相比,最大的区别是水资源具有既可造福于人类,又可危害人类的两重性。水资源质、量适宜,且时空分布均匀,将为区域经济发展、自然环境的良性循环和人类社会进步做出巨大贡献。水资源开发利用不当,又可制约国民经济发展,破坏人类的生存环境。例如,水利工程设计不当、管理不善,可造成垮坝事故,引起土壤次生盐碱化。水量过多或过少的季节和地区,往往又产生了各种各样的自然灾害。水量过多容易造成洪水泛滥,内涝渍水;水量过少容易形成干旱等自然灾害。适量开采地下水,可为国民经济各部门和居民生活提供水源,满足生产、生活的需求。无节制、不合理地抽取地下水,往往引起水位持续下降、水质恶化、水量减少、地面沉降,不仅影响生产发展,而且严重威胁人类生存。正是由于水资源的双重性质,在水资源的开发利用过程中尤其要强调合理利用、有序开发,以达到兴利避害的目的。

5.利用的多样性

水资源是被人类在生产和生活活动中广泛利用的资源,不仅广泛应用于农业、工业和生活,还用于发电、水运、水产、旅游和环境改造等。在各种不同的用途中,消费性用水与非常规消耗性或消耗很小的用水并存。因用水目的不同而对水质的要求各不相同,从而使得水资源一水多用,能够充分发挥其综合效益。

三、水和水资源的区别

应当指出,"水"和"水资源"两者在含义上是有所区别的,不能混为一谈。地球上各种水体的储量虽然很大,但因技术等限制,还不能将其全部纳入水资源范畴。例如,海洋水量虽然极其丰富,但由于技术原因,特别是经济条件的限制,目前还不能大量开发利用；冰川储水占地球表面淡水储量的68.7%，目前也难以开发利用；深层地下水的开发利用也有较大的困难。

能够作为水资源的水体一般应符合下列条件：第一，通过工程措施可以直接取用，或者通过生物措施可以间接利用；第二，水质符合用水的要求；第三，补给条件好，水量可以逐年更新。

因此，水资源是指与人类社会生产、生活用水密切相关而又能不断更新的淡水，包括地表水、地下水和土壤水。地表水资源量通常用河川径流量来表示，地下水和土壤水资源量可用补给量来表示。三种水体之间密切联系而又互相转化，扣除重复量之后的资源总量相当于对应区域内的降水量。

四、水作为资源的用途

水作为一种重要的资源，其用途可用图1-1来概括。图中"直接利用"中的"水流利用"，以及"间接利用"中的"傍水利用"一般来说不会直接引起水资源量的改变，但是对水资源的量有很高的要求；图中"直接利用"中的"抽水利用"是为了直接满足人们生活、生产的要求，将从水源中抽取一定的水量，当然也对水资源的量有很高的要求。图示的各种用途是广义上的水资源利用，而满足生活、生产需要的"抽水利用"是狭义上的水资源利用。生活、生产用水以外的水资源利用往往会被人们所忽视，但它们也是水资源利用价值的重要体现。

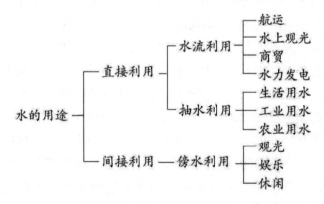

图1-1　水的用途

与水量消耗直接相关的水资源用途，即生活用水、工业用水和农业用水。从与人的生存和生活质量的相关程度来看，生活用水应当说是水资源最基本、最重要的用途，通常包括饮用水（饮水、炊事用水等）、卫生用水（洗涤、沐浴、冲厕等）、市政用水（绿化、清扫等）、消防用水等。工业用水和农业用水则与人们的生产活动密切相关。上述三种用水之间的比例称为用水结构，用水结构的差异可以反映不同国家工农业及城市建设发展的水平。

第三节　水文学与水资源学的关系

水资源学与水文学之间既有区别又有密切的联系，常引起一些混淆。总的来说，水文学是水资源学的重要学科基础，水资源学是水文学服务于人类社会的重要应用内容。本节从以下两方面分别阐述二者之间的具体联系。

一、水资源学是水文学服务于人类社会的重要应用内容

水循环理论支撑水资源可再生性研究，是水资源可持续利用的理论依据。水资源的重要特点之一是"水处于永无止境的运动之中，既没有开始也没有结束"，这是十分重要的水循环现象。永无止境的水循环赋予水体可再生性，如果没有水循环的这一特性，根本就谈不上水资源的可再生性，更不用说水资源的可持续利用，因为只有可再生资源才具备可持续利用的条件。当然，说水资源是可再生的，并不能简单地理解为"取之不尽，用之不竭"。水资源的开发利用必须要考虑在一定时间内水资源能得到补充、恢复和更新，包括水资源质量的及时更新，也就是要求水资源的开发利用程度必须限制在水资源的再生能力之内，一旦超出它的再生能力，水资源得不到及时的补充、恢复和更新，就会面临着水资源不足、枯竭等严重问题。从水资源可持续利用的角度分析，水体的总储量并不是都可被利用，只有不断更新的那部分水量才能算作可利用水量。另外，水循环服从质量守恒定律，这是建立水量平衡模型的理论基础。

水文模型是水资源优化配置、水资源可持续利用量化研究的基础模型。通过对水循环过程的分析，揭示水资源转化的量化关系，是水资源优化配置、水资源可持续利用量化研究的基础。水文模型是根据水文规律和水文学基本理论，利用数学工具建立的模拟模型，是研究人类活动和自然条件变化环境下水资源系统演变趋势的重要工具。以前，在建立水资源配置模型和水资源管理模型时，常常把水资源的分配量之和看成是总水资源利用量，并把总水资源利用量看成是一个定值。而现实中，由于水资源相互转换，原来利用的水有可能部分回归到自然界（称为回归水），又可以被重复利用。也就是说，水循环过程是一个十分复杂的过程，在实际应用中应该体现这一特性，因此，在水资源配置、水资源管理等研究工作中，要充分体现这一复杂过程。

二、水文学是水资源学的重要学科基础

首先，从水文学和水资源学的发展过程来看，水文学具有悠久的发展历史，是自人类利用水资源以来就一直伴随着人类水事活动而发展的一门古老学科；而

水资源学是在水文学的基础上，为了满足日益严重的水资源问题的研究需求而逐步形成的知识体系。因此，可以近似地认为，水资源学是在水文学的基础上衍生出来的。

其次，从水文学与水资源学的研究内容来看，水文学是一门研究地球上各种水体的形成、运动规律和相关问题的学科体系。其中，水资源的开发利用、规划与管理等工作是水文学服务于人类社会的一个重要应用内容；水资源学主要包括水资源评价、配置、综合开发、利用、保护以及对水资源的规划与管理。其中，水循环理论、水文过程模拟以及水资源形成与转化机理等水文学理论知识是水资源学知识体系形成和发展的重要理论基础。比如，研究水资源规划与管理，需要考虑水循环过程和水资源转化关系以及未来水文情势的变化趋势。再如，研究水资源可再生性、水资源承载能力、水资源优化配置等内容，需要依据水文学基本原理（如水循环机理、水文过程模拟），因此，水文学是水资源学发展的重要学科基础。

第二章　水环境标准与水环境监测

第一节　水环境标准

一、水质指标

各种天然水体是工业、农业和生活用水的水源作为一种资源来说、水质、水量和水能是度量水资源可利用价值的三个重要指标，其中与水环境污染密切相关的则是水质指标在水的社会循环中，天然水体作为人类生产、生活用水的水源，需要经过一系列的净化处理，满足人类生产、生活用水的相应的水质标准；当水体作为人类社会产生的污水的受纳水体时，为降低对天然水体的污染，排放的污水都需要进行相应的处理，使水质指标达到排放标准。

水质指标是指水中除去水分子外所含杂的种类和数量，它是描述水质状况的一系列指标，可分为物理指标、化学指标、生物指标和放射性指标。有些指标用某一物质的浓度来表示，如溶解氧、铁等；而有些指标则是根据某一类物质的共同特性来间接反映其含量，称为综合指标，如化学需氧量、总需氧量、硬度等。

（一）物理指标

1.水温

水的物理化学性质与水温密切相关。水中的溶解性气体（如氧、二氧化碳等）的溶解度、水中生物和微生物的活动，非离子态、盐度、pH值以及碳酸钙饱和度等都受水温变化的影响。

温度为现场监测项目之一，常用的测量仪器有水温计和颠倒温度计，前者用于地表水、污水等浅层水温的测量，后者用于湖、水库、海洋等深层水温的测量。

此外，还有热敏电阻温度计等。

2. 臭

臭是一种感官性指标，是检验原水和处理水质的必测指标之一，可借以判断某些杂质或者有害成分是否存在。水体产生臭的一些有机物和无机物，主要是由于生活污水和工业废水的污染物和天然物质的分解或细菌活动的结果。某些物质的浓度只要达到零点几微克每升时即可察觉。然而，很难鉴定臭物质的组成。

臭一般是依靠检查人员的嗅觉进行检测，目前尚无标准单位。臭阈值是指用无臭水将水样稀释至可闻出最低可辨别臭气的浓度时的稀释倍数，如水样最低取25mL稀释至200mL时，可闻到臭气，其臭阈值为8。

3. 色度

色度是反映水体外观的指标。纯水为无色透明，天然水中存在腐殖酸、泥土、浮游植物、铁和锰等金属离子能够使水体呈现一定的颜色。纺织、印染、造纸、食品、有机合成等工业废水中，常含有大量的染料、生物色素和有色悬浮微粒等，通常是环境水体颜色的主要来源。有色废水排入环境水体后，使天然水体着色，降低水体的透光性，影响水生生物的生长。水的颜色定义为改变透射可见光光谱组成的光学性质，水中呈色的物质可处于悬浮态、胶体和溶解态，水体的颜色可以真色和表色来描述。真色是指水体中悬浮物质完全移去后水体所呈现的颜色。水质分析中所表示的颜色是指水的真色，即水的色度是对水的真色进行测定的一项水质指标。

表色是指有去除悬浮物质时水体所呈现的颜色，包括悬浮态、胶体和溶解态物质所产生的颜色，只能用文字定性描述，如工业废水或受污染的地表水呈现黄色、灰色等，并以稀释倍数法测定颜色的强度。

我国生活饮用水的水质标准规定色度小于15度，工业用水对水的色度要求更严格，如染色用水色度小于5度，纺织用水色度小于10~12度等。水的颜色的测定方法有铂钴标准比色法、稀释倍数法、分光光度法。水的颜色受pH值的影响，因此测定时需要注明水样的pH值。

4. 浊度

浊度是表现水中悬浮性物质和胶体对光线透过时所发生的阻碍程度，是天然水和饮用水的一个重要水质指标。浊度是由于水含有泥土、粉砂、有机物、无机物、浮游生物和其他微生物等悬浮物和胶体物质所造成的。我国饮用水标准规定浊度不超过1度，特殊情况不超过3度。测定浊度的方法有分光光度法、目视比浊法、浊度计法。

5. 残渣

残渣分为总残渣（总固体）、可滤残渣（溶解性总固体）和不可滤残渣（悬浮物）三种。它们是表征水中溶解性物质、不溶性物质含量的指标。

残渣在许多方面对水和排出水的水质有不利影响。残渣高的水不适于饮用，高矿化度的水对许多工业用水也不适用。含有大量不可滤残渣的水，外观上也不能满足洗浴等使用。残渣采用重量法测定，适用于饮用水、地面水、盐水、生活污水和工业废水的测定。

总残渣是将混合均匀的水样，在称至恒重的蒸发皿中置于水浴上，蒸干并于 $103 \sim 105℃$ 烘干至恒重的残留物质，它是可滤残渣和不可滤残渣的总和。可滤残渣（可溶性固体）指过滤后的滤液于蒸发皿中蒸发，并在 $103 \sim 105℃$ 或 $180 \pm 2℃$ 烘干至恒重的固体包括 $103 \sim 105℃$ 烘干的可滤残渣和 $180 \pm 2℃$ 烘干的可滤残渣两种。不可滤残渣又称悬浮物，不可滤残渣含量一般可表示废水污染的程度。将充分混合均匀的水样过滤后，截留在标准玻璃纤维滤膜（$0.45\mu m$）上的物质，在 $103 \sim 105℃$ 烘干至恒重。如果悬浮物堵塞滤膜并难于过滤，不可滤残渣可由总残渣与可滤残渣之差计算。

6. 电导率

电导率是表示水溶液传导电流的能力。因为电导率与溶液中离子含量大致呈比例的变化，电导率的测定可以间接地推测离解物总浓度。电导率用电导率仪测定，通常用于检验蒸馏水、去离子水或高纯水的纯度、监测水质受污染情况以及用于锅炉水和纯水制备中的自动控制等。

（二）化学指标

1. pH值

pH值是水体中氢离子活度的负对数。pH值是最常用的水质指标之一。

由于pH值受水温影响而变化，测定时应在规定的温度下进行，或者校正温度。通常采用玻璃电极法和比色法测定pH值。天然水的pH值多在 $6 \sim 9$ 范围内，这也是我国污水排放标准中的pH值控制范围。饮用水的pH值规定在 $6.5 \sim 8.5$ 范围内，锅炉用水的pH值要求大于7。

2. 酸度和碱度

酸度和碱度是水质综合性特征指标之一，水中酸度和碱度的测定在评价水环境中污染物质的迁移转化规律和研究水体的缓冲容量等方面有重要的意义。

水体的酸度是水中给出质子物质的总量，水的碱度是水中接受质子物质的总量。只有当水样中的化学成分已知时，它才被解释为具体的物质。

酸度和碱度均采用酸碱指示剂滴定法或电位滴定法测定。

地表水中由于溶入二氧化碳或由于机械、选矿、电镀、农药、印染、化工等行业排放的含酸废水的进入，致使水体的pH值降低。由于酸的腐蚀性，破坏了鱼类及其他水生生物和农作物的正常生存条件，造成鱼类及农作物等死亡。含酸废水可腐蚀管道，破坏建筑物。因此，酸度是衡量水体变化的一项重要指标。

水体碱度的来源较多，地表水的碱度主要由碳酸盐和重碳酸盐以及氢氧化物组成，所以总碱度被当作这些成分浓度的总和。当中含有硼酸盐、磷酸盐或硅酸盐等时，则总碱度的测定值也包含它们所起的作用。废水及其他复杂体系的水体中，还含有有机碱类、金属水解性盐等，均为碱度组成部分。有些情况下，碱度就成为一种水体的综合性指标代表能被强酸滴定物质的总和。

二、水质标准

水质标准是由国家或地方政府对水中污染物或其他物质的最大容许浓度或最小容许浓度所做的规定，是对各种水质指标做出的定量规范。水质标准实际上是水的物理、化学和生物学的质量标准，为保障人类健康的最基本卫生分为水环境质量标准、污水排放标准、饮用水水质标准、工业用水水质标准。

（一）水环境质量标准

目前，我国颁布并正在执行的水环境质量标准有《地表水环境质量标准》（CB 3838—2002）、《海水水质标准》（CB 3097—1997）、《地下水质量标准》（CB/T 14848.93）等。

《地表水环境质量标准》（GB 3838—2002）将标准项目分为地表水环境质量标准项目、集中式生活饮用水地表水源地补充项目和集中式生活饮用水地表水源地特定项目。地表水环境质量标准基本项目适用于全国江河、湖泊、运河、渠道、水库等具有使用功能的地表水水域；集中式生活饮用水地表水源地补充项目和特定项目适用于集中式生活饮用水地表水源地一级保护区和二级保护区。《地表水环境质量标准》（GB 3838—2002）依据地表水水域环境功能和保护目标，按功能高低依次划分为五类。

Ⅰ类：主要适用于源头水、国家自然保护区。

Ⅱ类：主要适用于集中式生活饮用水地表水源地一级保护区、珍稀水生生物栖息地、鱼虾类产场、仔稚幼鱼的索饵场等。

Ⅲ类：主要适用于集中式生活饮用水地表水源地二级保护区、鱼虾类越冬场、水产养殖区等渔业水域及游泳区。

Ⅳ类：主要适用于一般工业用水区及人体非直接接触的娱乐用水区。

Ⅴ类：主要适用于农业用水区及一般景观要求水域。

对应地表水，上述五类水域功能，将地表水环境质量标准基本项目标准值分为五类，不同功能类别分别执行相应类别的标准值。水域功能类别高的标准值严于水域功能类别低的标准值。同一水域兼有多类使用功能的，执行最高功能类别对应的标准值。

《海水水质标准》（CB 3097—1997）规定了海域各类使用功能的水质要求。该标准按照海域的不同使用功能和保护目标，海水水质分为四类。

Ⅰ类：适用于海洋渔业水域、海上自然保护区和珍稀濒危海洋生物保护区。

Ⅱ类：适用于水产养殖区、海水浴场、人体直接接触海水的海上运动或娱乐区，以及与人类食用直接有关的工业用水区。

Ⅲ类：适用于一般工业用水、海滨风景旅游区。

Ⅳ类：适用于海洋港口水域、海洋开发作业区。

《地下水质量标准》（GB/T 14848—93）适用于一般地下水，不适用于地下热水、矿水、盐卤水。根据我国地下水水质现状、人体健康基准值及地下水质量保护目标，并参照了生活饮用水、工业用水水质要求，将地下水质量划分为五类。

Ⅰ类：主要反映地下水化学组分的天然低背景含量，适用于各种用途。

Ⅱ类：主要反映地下水化学组分的天然背景含量，适用于各种用途。

Ⅲ类：以人体健康基准值为依据，主要适用于集中式生活饮用水水源及工农业用水。

Ⅳ类：以农业和工业用水要求为依据，除适用于农业和部分工业用水外，适当处理后可做生活饮用水。

Ⅴ类：不宜饮用，其他用水可根据使用目的的选用。

（二）污水排放标准

为了控制水体污染，保护江河、湖泊、运河、渠道、水库和海洋等地面水以及地下水水质的良好状态，保障人体健康，维护生态环境平衡，国家颁布了《污水综合排放标准》（GB 8978—1996）和《城镇污水处理厂污染物排放标准》（CB 18918—2002）等，《污水综合排放标准》（GB 8978—1996）根据受纳水体的不同划分为三级标准。排入 CB 3838 中Ⅱ类水域（划定的保护区和游泳区除外）和排入 GB 3097 中的Ⅱ类海域执行一类标准；排入 CB 3838 中Ⅳ、Ⅴ类水和排入 GB 3097 中的Ⅱ类海域执行二级标准；排入设置二级污水处理厂的城镇排水系统的污水执行三级标准；排入未设置二级污水处理厂的城镇排水系统的污水，必须根据排水系统出水受纳水域的功能要求，执行上述相应的规定。CB 3838 中Ⅰ、Ⅱ类水域和Ⅲ类水域中划定的保护区，CB 3097 中Ⅰ类海域，禁止新建排污口，现有排污口应按水体功能要，实行污染物总量控制，以保证受纳水体水质符合规定用途的水质标准，同时该标准将污染物按照其性质及控制方式分为两类：第一类污染物不分行业和污水排放方式，也不分受纳水体的功能类别，一律在车间或车间处理设施排放口采样，最高允许浓度必须达到该标准要求；第二类污染物在排污单位排放口采样其最高允许排放浓度必须达到本标准要求。

《城镇污水处理厂污染物排放标准》（GB 18918—2002）规定了城镇污水处理厂出水废气排放和污泥处置（控制）的污染物限值，适用于城镇污水处理厂出水、废气排放和污泥处置（控制）的管理。该标准根据污染物的来源及性质，将污染物控制项目分为基本控制项目和选择控制项目两类。根据城镇污水处理厂排入地表水域环境功能和保护目标，以及污水处理厂的处理工艺，将基本控制项目的常规污染物标准值分为一级标准、二级标准、三级标准。一级标准分为A标准和B标准。一类重金属污染物和选择控制项目不分级。

（三）生活饮用水水质标准

《生活饮用水卫生标准》（CB 5749—2006）规定了生活饮用水水质卫生要求、生活饮用水水源水质卫生要求、集中式供水单位卫生要求、二次供水卫生要求，涉及生活饮用水卫生安全产品卫生要求，水质监测和水质检验方法。

该标准主要从以下几方面考虑保证饮用水的水质安全：生活饮用水中不得含有病原微生物：饮用水中化学物质不得危害人体健康；饮用水中放射性物质不得危害人体健康；饮用水的感官性状良好：饮用水应经消毒处理；水质应该符合生活饮用水水质常规指标及非常规指标的卫生要求。该标准项目共计106项，其中感官性状指标和一般化学指标20项，饮用水消毒剂4项，毒理学指标74项，微生物指标6项，放射性指标2项。

（四）农业用水与渔业用水

农业用水主要是灌溉用水，要求在农田灌溉后，水中各种盐类被植物吸收后，不会因食用中毒或引起其他影响，并且其含盐量不得过多，否则会导致土壤盐碱化。渔业用水除保证鱼类的正常生存、繁殖以外，还要防止有毒有害物质通过食物链在水体内积累、转化而导致食用者中毒。相应地，国家制定颁布了《农田灌溉水质标准》（GB 5084—2005）和《渔业水质标准》（GB 11607—1989）。

《农田灌溉水质标准》（GB 5084—2005）适用于以地表水、地下水和处理后的养殖业废水以及农产品为原料加工的工业废水作为水源的农田灌溉用水。

《渔业水质标准》（GBU 607—1989）适用于鱼虾类的产卵场、索饵场、越冬场和水产增养殖区等海、淡水的渔业水域。

三、水资源系统分析问题的提出

（一）水资源开发利用的历史

水资源是与人类的生产生活关系最为密切的自然资源，人类对于水资源的开发利用，经历了极为漫长的发展过程。

公元前3000年，埃及人在尼罗河首设水尺观察水位涨落，并筑堤开渠。上古时期，黄河泛滥、鲧被推荐来负责治理洪水泛滥工作，他采用堤工降水，做三仞之城，九年而不得成功，禹总结父亲鲧的治水经验，改鲧"围堵障"为"疏顺导滞"的方法，把洪水引入疏通的河道、洼地或湖泊，然后合通四海，从而平息了水患。公元前256年，战国时期秦国蜀郡太守李冰率众修建了都江堰水利工程，都江堰水利工程位于中国四川成都平原西部都江堰市西侧的岷江上，距成都56km，是现存的最古老而且依旧在灌溉田畴、造福人民的伟大水利工程。

19世纪末20世纪初，近代意义的大坝水库在世界许多河流上纷纷筑造胡佛水坝是美国综合开发科罗拉多河水资源的一项关键性工程，位于内华达州和亚利桑那州交界之处的黑峡，具有防洪、灌溉、发电、航运、供水等综合效益。大坝系混凝土重力拱坝，坝高221.4m，总库容348.5亿 m^3，水电站装机容量原为134万kW，现已扩容到245.2万kW，胡佛水坝于1931年4月开始由第三十一任总统赫伯特·胡佛为化解美国大萧条以来的困境及加速西南部地区的繁荣，动用5000人兴建，1936年3月建成，1936年10月第一台机组正式发电。

佛子岭水库位于中国安徽省霍山县西南15km，是一座具防洪、灌溉、供水、发电等功能的大型水利枢纽工程，坝址以上控制流域面积1840km^2，水库总库容4.91亿 m^3，大坝全长510m，最大坝高76m，发电厂总装机7台共3.1万kW，国际大坝委员会主席托兰称佛子岭大坝为"国际一流的防震连拱坝"。水库夹于两岸连绵起伏的群山之间，大坝修建在佛子岭打鱼冲口，佛子岭水库始建于1952年1月，1954年11月竣工，是新中国乃至当时亚洲第一座钢筋混凝土连拱坝。

三峡水电站，又称三峡工程、三峡大坝。位于中国重庆市市区到湖北省宜昌市之间的长江干流上，是世界上规模最大的水电站，也是中国有史以来建设的最大规模的工程项目，三峡水电站具有防洪、发电、航运等多种功能。三峡水电站于1994年正式动工兴建。2003年开始蓄水发电，2009年全部完工水电站大坝高185m，蓄水高175m，水库长600余千米，安装32台单机容量为70万kW的水电机组，是全世界最大的（装机容量）水力发电站。

田纳西河是美国东南部俄亥俄河的第一大支流，源出阿巴拉契亚高地西坡，由霍尔斯顿河和弗伦奇布罗德河汇合而成，流经田纳西州和亚拉巴马州，于肯塔基州帕迪尤卡附近纳入俄亥俄河。田纳西河以霍尔斯顿河源头计，长约1450km，流域面积10.6万 km^2，成立于1933年5月的田纳西流域管理局，对流域进行综合治理，使其成为一个具有防洪、航运、发电、供水、养鱼、旅游等综合效益的水利网，田纳西河流域规划和治理开发的特点，在于具有广泛的综合性。它在综合利用河流水资源的基础上，结合本地区的优势和特点，强调以国土治理和以地区经济的综合发展为目标，规划的内容和重点也不断调整和充实，初期以解决航运和防洪为主，结合发展水电，以后又进一步发展火电、核电，并开办了化肥厂、炼铝厂、示范农场、良种场和渔场等，为流域农业和工业的迅速发展奠定了基础。

珠江水系干流西江上游的红水河，流域内山岭连绵，地形崎岖，水力资源十分丰富，它的梯级开发被中国政府列为国家重点开发项目。红水河梯级开发河段，从南盘江的天生桥到黔江的大藤峡，全长1050km，总落差756.6m，可开发利用水能约13030MW，红水河共分10级开发，从上游到下游为天生桥一级、天生桥二级、平班、龙滩、岩滩、大化、百龙滩、恶滩、桥巩、大藤峡，其中装机1000MW以上的有5座。红水河是中国十二大水电基地之一，被誉为水力资源的"富矿"，是水电开发、防洪及航运规划中的重点河流。

（二）整体—综合—优化思想的产生

早期（截至20世纪30年代）的水资源开发利用策略思想的特点是：单一水利工程的规划、设计和运行，功能上以单用途单目标开发为较多。例如，单纯的防洪滞洪水库或航运，以灌溉引水或发电为目的的水库、堰闸等。20世纪30年代末，由于生产的需要及高坝技术和高压输电技术的发展，水库综合利用的思想已开始萌芽。

近代水资源开发利用策略思想的一个重要的发展，就是综合利用思想的发展、落实和整体观点的兴起。田纳西河流域综合开发，三峡水利枢纽的建设就是这一思想的体现。水资源本质上具有多功能、多用途的特点，因此一库多用、一水多效的策略思想迅速推广、扩大，水资源利用的趋势，是向多单元、多目标发展，规模和范围也在不断增大，但水资源的多用途、多目标开发和综合利用的同时，也带来了很多矛盾，需要协调多用途、多目标之间的冲突，因此需要整体地、综合地考虑水资源的综合利用，自然地带来了如何在规划管理中处理多个目标或多个优化准则的问题，而这些目标可能是各种各样，多半是不可公度的，有些甚至不能定量而只能定性，这就需要把多目标规划的理论和方法引入和应用于水资源规划和管理工作之中。流域或地区范围的水资源问题，往往是一个大的复杂的系统。例如，流域的干支流的梯级库群，兴利除害的各种水利水电开发管理目标、地面地下水各种水源的联合共用等，为了使这样的大系统能易于扰化求解，利用大系统分解协调优化技术是非常必要的。由此可见，近代水资源开发利用的思想经历了一个从局部到整体，从一般到综合，从追求单目标最优到多目标最佳协调的发展过程。水资源的研究对象越来越复杂，系统分析的方法在水资源的研究中起到了越来越重要的作用。

（三）水资源可持续开发利用的理念

现代意义的水资源开发利用还与可持续发展紧密相连，当代水资源开发利用已涉及社会和环境问题，其内容、意义、目标比以往的水利水电工程研究的范围更为广泛。走可持续发展道路必然要求对水资源进行统一的管理和可持续的开发利用。

水资源可持续利用的理念，就是为保证人类社会、经济和生存环境可持续发展对水资源实行永续利用的原则，可持续发展的观点是20世纪80年代在寻求解决环境与发展矛盾的出路中提出的，并在可再生的自然资源领域相应提出可持续利用问题，其基本思路是在自然资源的开发中，注意因开发所致的不利于环境的副作用和预期取得的社会效益相平衡，在水资源的开发与利用中，为保持这种平衡就应遵守供饮用的水源和土地生产力得到保护的原则，保护生物多样性不受干扰或生态系统平衡发展的原则，对可更新的淡水资源不可过量开发使用和污染的原则，因此，在水资源的开发利用中，绝对不能损害地球上的生命保障系统和生态系统，必须保证为社会和经济可持续发展合理供应所需的水资源，满足各行各业用水要求并持续供水。此外，水在自然界循环过程中会受到干扰，应注意研究对策，使这种干扰不致影响水资源可持续利用。

为适应水资源可持续利用的原则，在进行水资源规划和水工程设计时应使建立的工程系统体现如下特点：天然水源不因其被开发利用而造成水源逐渐衰竭；水工程系统能较持久地保持其设计功能，因自然老化导致的功能减退能有后续的补救措施；对某范围内水供需问题能随工程供水能力的增加及合理用水、需水管理、节水措施的配合，使其能较长期地保持相互协调的状态；因供水及相应水量的增加而致废污水排放量的增加，需相应增加处理废污水能力的工程措施，以维持水源的可持续利用效能。

水资源可持续利用的思想和战略是"整体—综合—优化"思想的进一步发展和提高.研究的系统更大、更复杂，牵涉的学科也更加广泛。

四、系统的概念

（一）系统的定义

所谓系统，就是由相互作用和相互联系的若干个组成部分结合而成的具有特定功能的整体。

例如，水资源系统是流域或地区范围内在水文、水力和水利上相互联系的水体（河流、湖泊、水库、地下水等）有关水工建筑物（大坝、堤防、泵站、输水渠道等）及用水部门（工农业生产、居民生活、生态环境、发电、航运等）所构成的综合体。

系统是普遍存在的，在宇宙间，从基本粒子到河外星系，从人类社会到人的思维，从无机界到有机界，从自然科学到社会科学，系统无所不在。

（二）系统的特征

我们可以从以下几个方面理解系统的概念：

1.系统由相互联系、相互影响的部件所组成

系统的部件可能是一些个体、元件、零件也可能其本身就是一个系统（或称之为子系统），如水系、水库、大坝、溢洪道、水电机组、堤防、下游保护区。蓄滞洪区等组成了流域防洪发电系统。而水电机组又是流域防洪发电系统的一个子系统。

2.系统具有一定的结构

一个系统是其构成要素的集合，这些要素相互联系、相互制约，系统内部各要素之间相对稳定的联系方式、组织秩序及失控关系的内在表现形式，就是系统的结构。例如，水电机组是由压力钢管、水轮机、发电机、调速器等部件按一定的方式装配而成的，但压力钢管、水轮机、发电机、调速器等部件随意放在一起却不能构成水电机组；人体由各个器官组成，各单个器官简单拼凑在一起不能成为一个有行为能力的人。

3.系统具有一定的功能.或者说系统要有一定的目的性

系统的功能是指系统在与外部环境相互联系和相互作用中表现出来的性质、能力和功能。例如，流域防洪发电系统的功能，一方面是对洪水进行调节和安排，使洪灾损失最小；另一方面是充分利用水能发电，使发电效益最佳。

4.系统具有一定的界限

系统的界限把系统从所处的环境中分离出来，系统通过该界限可以与外界环境发生能量、信息和物质等的交流。

（三）构成系统的要素

任何一个存在的系统都必须具备三个要素，即系统的诸部件及其属性、系统的环境及其界限、系统的输入和输出。

1.系统的部件及其属性

系统的部件可以分为结构部件、操作部件和流部件。结构部件是相对固定的部分。操作部件是执行过程处理的部分。流部件是作为物质流、能量流和信息流的交换用的，交换的能力受到结构部件和操作部件等条件的限制。

结构部件、操作部件和流部件都有不同的属性，同时又相互影响。它们的组合结构从整体上影响着系统的特征和行为。例如，电阻、电感、电容等电子元件

以及电源、导线、开关等部件的连接或组合，就形成了电路系统的属性。

系统是由许多部件组成的，当系统中的某个部件本身也是一个系统时，就可以称此部件为该系统的子系统。子系统的定义与上述一般系统的定义类似。例如，水资源系统是由水体、有关水工建筑物及用水部门等部件组成的，而这些部件本身又可各自成为一个独立的系统。因此，可以把水体系统（河流、湖泊、水库、地下水等）、水工程系统（大坝、堤防、泵站、输水渠道等）、用水系统（工农业生产、居民生活、生态环境、发电、航运等）都称为水资源系统的子系统。

2.系统的环境及其界限

所有系统都是在一定的外界条件下运行的系统既受环境的影响，同时也对环境施加影响。

对于物质系统来说，划分系统与环境的界限很自然地可以由基本系统结构及系统的目标来有形地确定，例如，水库防洪系统，对于防洪预案的决策者来说，主要的任务是针对典型洪水或设计洪水分析水库的调洪方案，生成防洪预案，于是就圈定该决策分析系统（水库防洪预案分析系统）的系统界限为水库大坝至下游防洪控制断面，但是对于实时防洪调度的决策者来说，入库洪水和区间洪水过程是通过流域面上的实时降雨信息预报而得，在这种情况下，水库防洪决策分析系统的界限为水库上游流域，水库大坝至下游防洪控制断面及区间。

（四）系统的分类

1.按系统组成部分的属性分类：自然系统、人造系统、复合系统.

按照系统的起源，自然系统是由自然过程产生的系统，例如生态链系统，河流上游天然子流域降雨径流系统等。

人造系统则是人们为了达到某个目的按属性和相互关系将有关部件（或元素）组合而成的系统，例如城市系统、灌排系统、水电站系统等。当然，所有的人造系统都存在于自然世界之中，同时人造系统与自然系统之间存在着重要的联系。

复合系统是由不同属性的子系统复合而成的大系统，如水资源系统是由水体系统（自然系统）、水工建筑物系统（人造系统）及用水系统（社会经济系统）等子系统复合而成，复合系统的协调性是体现复合系统中子系统间及各种要素间关系的一个重要特征。当前人类所面临的水环境污染、水生态破坏、水资源匮乏等多种问题都是由于水资源系统的严重不协调而导致的。

2.按系统组成部分的形态分类：实体系统、概念系统

一般的理解：实体系统是由一些实物和有形部件构成的系统；概念系统是用一些思想、规划、政策等的概念或符号来反映系统的部件及其属性的系统。

3.按系统与环境的关系分类：封闭系统、开放系统

封闭系统是指该系统与外部环境之间没有物质、能量和信息交换的系统，由

系统的界限将环境与系统隔开，因而呈一种封闭状态。

开放系统是指该系统与外部环境之间存在物质、能量和信息交换的系统，开放系统往往具有自调节和自适应功能。

4.按系统所处的状态分类：静态系统、动态系统

静态系统一般是指存在一定的结构但没有活动性的系统，动态系统是指既有结构和部件又有活动性的系统。

5.按系统的规模分类：简单系统、复杂系统

凡是不能或不宜用还原论方法而要用或宜用新的科学方法去处理和解决的系统就属于复杂系统。

五、系统分析的概念和内容

（一）系统分析的概念

系统分析是系统方法中的一个重要内容，指把要解决的问题作为一个系统，对系统要素进行综合分析.对系统进行量化研究，找出解决问题的可行方案和咨询方法。系统分析与系统工程、系统管理一起，与有关的专业知识和技术相结合，综合应用于解决各个专业领域中的规划设计和管理问题。

（二）系统分析的内容

系统分析的内容包括系统研究作业、系统设计作业、系统量化作业、系统评价作业和系统协调作业。

1.系统研究作业

系统研究作业的任务就是限定所研究的问题，明确问题的本质或特性、问题存在范围和影响程度、问题产生的时间和环境、问题的症状和原因等，通过广泛的资料处理，获得有关信息，进而使资料所代表的意义明确化，利用一些有效方法进行比较和分析，以确定和发现所提出问题的目标，找出系统环境与系统及目标之间的联系及其相互转换关系。

2.系统设计作业

系统设计作业的任务就是对系统研究作业所界定的系统环境、决策系统和目标的特性进一步结构化，同时采用合理的、合乎逻辑的设计过程和方法反映系统的行为特征及其效果，并利用与信息源内容相关的各类专业知识充分和有效地扩展和掌握信息源可知部分，以达到使信息源的不可知部分减少到最低限度的目的，系统设计时，要考虑系统的准确性和可操作性两个原则。

3.系统量化作业

系统设计作业完成后，便展示了系统目标覆盖范围内的各个系统部件以及部

件之间的关系组合，描述了系统环境，决策系统与目标间的互相联系与影响、建立了系统的数据流图和系统结构图等，但是，系统的数据流图和系统结构图等只能描述系统的结构，而无法描述和展示系统的行为，因而使决策者难于了解系统的主要特性、功能和效果系统量化作业作为系统分析中的一项工作，就是运用运筹学、数理统计等工具，对系统结构进行属性的量化工作，例如系统结构关系式的表示及其参数辨识、系统优化求解、系统经济效果的计算等，再配合系统评价活动，从而把彼此间具有相互竞争性的方案呈现在决策者面前，建立系统模型是系统量化作业的基础工作。数学模型是经常应用的一类模型，不同类别的模型适用于不同系统。到目前为止，还不可能找到一个通用性的模型。模型化的目的是模拟真实的物理系统，把最优决策施加在真实系统上。

系统动力学和系统仿真是系统动态行为模拟的有效工具，能对系统未来行为起到预测作用。

回归分析是预测工作的主要手段。在因果关系分析中，要在专业理论指导下通过数据的回归分析得到回归模型，以确定因变量和自变量的关系。在时间序列分析中，预测的因变量通过对历时上的时间序列数据的回归分析得到各类时间系列模型，但是一般系统既有系统结构上的因果关系，同时又有系统时间序列上的统计规律，因此提出了由因果分析与时间序列分析相结合以及几种预测方法相结合的组合预测模型，目的是希望提高预测精度，各类预测方法和技术都有自己的应用范围和不足之处。对于复杂的社会系统，由于多方面因素的相互影响，往往需要综合应用各类预测方法的长处来弥补某些方法的不足。故而，以系统分析为基础的综合预测（或反馈性预测）必将不断发展和完善，人工神经网络模型和支持向量机模型对于一些很难发现周期性规律的非线性动态过程或者混沌时间序列的短期预测是一种较为有效的工具。

系统优化是系统工程中的经典方法，复杂的社会系统往往具有多方面需要和多个目标，而且经常是不可公度和相互矛盾的，所以多目标规划问题在系统分析中将占有不可低估的地位又由于系统分析工作中系统研究和设计作业很大程度上是一种创造性的工作，即要设计一个优化系统，交互式多目标规划可以作为系统量化作业活动中处理复杂系统的补充方法，它的根本点是系统分析人员与决策者可以进行信息交互和有助于设计一个优化的系统。对于一类组合优化问题，也可应用人工神经网络模型求解。

系统经济分析是系统量化所必需的方案的比较，结果的反映，最为具体和直观的将是经济指标。

第二节 水环境监测

一、环境监测的基本知识

（一）环境监测的定义

环境监测是指环境监测机构按照规定的程序和有关法规的要求，运用现代科学技术、方法监视和检测代表环境质量和变化趋势的各种数据，并分析其对环境的影响过程与程度，对环境行为符合法规情况进行执法性监督、控制和评价的全过程操作。

（二）环境监测的内容

环境监测是通过对影响环境的各种物质的含量、排放量的检测，跟踪环境质量的变化，确定环境质量水平，为环境管理、污染治理等工作提供基础和保证。环境监测通常包括背景调查、确定方案、优化布点、现场采样、样品运送、实验分析、数据收集、分析、综合等过程。总的来说，环境监测就是计划、采样、分析、综合、获得信息的过程。

环境监测的主要手段包括物理手段（对声和光的监测）、化学手段（各种化学方法，包括重量法、分光光度法等）、生物手段（监测环境变化对生物及生物群落的影响）。

（三）环境监测的目的

环境监测的目的是准确、及时、全面地反映环境质量现状及发展趋势，为环境管理、污染源控制、环境规划及环境质量的预测等提供科学依据，具体可归纳为以下几点。

1.根据环境质量标准，评价环境质量。

2.根据污染特点、分布情况和环境条件，追踪污染源，研究和预测污染变化趋势，为实现监督管理、控制污染提供依据。

3.收集环境本底数据，积累长期监测资料，为研究环境容量，实施总量控制、目标管理，预测预报环境质量提供数据。

4.为保护人类健康，保护环境，合理使用自然资源，制定环境法规、标准、规划等。

5.通过应急监测，为正确处理污染事故提供服务。

水资源监测与保护

（四）环境监测的分类

1.按监测目的或任务分类

（1）监视性监测

监视性监测包括对污染源的监测和对环境质量的监测，以确定环境质量及污染源状况，评价控制措施的效果，衡量环境标准实施情况和环境保护工作的进展。这是监测工作中量最大、面最广的工作。

（2）特定目的监测

①污染事故监测

污染事故监测是指在发生污染事故时及时深入事故地点进行应急监测，确定污染物的种类、扩散方向和速度、污染程度及危害范围，查找污染发生的原因，为控制污染事故提供科学依据。这类监测常采用流动监测（车、船等）、简易监测、低空航测、遥感等手段。

②纠纷仲裁监测

纠纷仲裁监测主要针对污染事故纠纷以及环境执法过程中产生的矛盾进行监测，提供公证数据。

③考核验证监测

考核验证监测包括人员考核、方法验证、新建项目的环境考核评价、排污许可证制度考核监测、"三同时"项目验收监测、污染治理项目竣工时的验收监测。

④咨询服务监测

咨询服务监测指为政府部门、科研机构、生产单位提供的服务性监测。它的作用是为国家政府部门制定环境保护法规、标准、规划提供基础数据和手段。比如，建设新企业应进行环境影响评价，按评价要求进行监测。

（3）研究性监测

研究性监测是针对具有特定目的的科学研究进行的高层次监测，用来了解污染机理，弄清污染物的迁移变化规律，研究环境受污染的程度，包括环境本底的监测及研究、有毒有害物质对从业人员的影响研究、为监测工作本身服务的科研工作的监测（如统一方法和标准分析方法的研究、标准物质研制、预防监测）等。这类研究往往要求多学科合作。

2.核监测介质对象分类

按监测介质对象不同，环境监测可分为水质监测、空气监测、土壤监测、固体废物监测、生物监测、噪声和振动监测、电磁辐射监测、放射性监测、热监测、光监测、卫生（病原体、病毒、寄生虫等）监测等。

3.按专业部门分类

按专业部门不同，环境监测可分为气象监测、卫生监测、资源监测等，也可

/ 24 /

分为化学监测、物理监测、生物监测等。

4.按监测区域分类

按监测区域不同，环境监测可分为厂区监测和区域监测。

（五）环境污染和环境监测的特点

1.环境污染的特点

环境污染是各种污染因子本身及其相互作用的结果。同时，环境污染受社会评价的影响而具有社会性。它的特点可归纳为以下几点。

（1）时间分布性

污染物的排放量和污染因子的排放强度随时间的变化而变化。例如，工厂排放污染物的种类和浓度往往随时间的变化而变化；河流的潮汛和丰水期、枯水期的交替都会使污染物浓度随时间的变化而变化。随着气象条件的改变，同一污染物在同一地点的污染浓度可相差数十倍。交通噪声的强度随着不同时间内车辆流量的变化而变化。

（2）空间分布性

污染物和污染因子进入环境后，随着水和空气的流动而被稀释扩散。不同污染物的稳定性和扩散速度与自身性质有关，因此不同空间位置上污染物的浓度和强度分布是不同的。为了正确表述一个地区的环境质量，单靠某一点的监测结果是不完整的，必须根据污染物的时间、空间分布特点，科学地制订监测方案（包括监测网点布设、监测项目和采样频率设计等），然后对监测所获得的数据进行统计分析，这样才能较全面而客观地反映环境质量。

（3）环境污染与污染物含量（或污染因子强度）的关系

有害物质引起毒害的量与其无害的自然本底值之间存在一定的界限。所以，污染因子对环境的危害有一阈值。对阈值进行研究是判断环境污染及污染程度的重要依据，也是制定环境标准的科学依据。

（4）污染因子的综合效应

环境是一个由生物（动物、植物、微生物）和非生物组成的复杂体系。以传统毒理学观点分析，多种污染物同时存在对生物的影响有以下几种情况。

①独立作用

污染物的独立作用指机体中某些器官只受混合物中某一组分的危害，没有因污染物的共同作用而受到更深的危害。

②相加作用

混合污染物各组分对机体的同一器官的毒害作用彼此相似，且偏向同一方向，这种作用等于各污染物毒害作用的总和时被称为污染的相加作用。比如，大气中二氧化硫和硫酸盐气溶胶之间、氯和氯化氢之间，当它们在低浓度时，其联合毒害作用即为相加作用，而在高浓度时则不具备相加作用。

③协同作用

当混合污染物各组分对机体的毒害作用超过个别毒害作用的总和时，这种作用被称为协同作用。比如，二氧化硫和颗粒物之间、氮氧化物与一氧化碳之间就存在协同作用。

④拮抗作用

当两种或两种以上污染物对机体的毒害作用彼此抵消一部分或大部分时，这种作用被称为拮抗作用。

（5）环境污染的社会评价

环境污染的社会评价与社会制度、文明程度、技术经济发展水平、民族风俗习惯、哲学、法律等有关。有些具有潜在危险的污染因素因表现为慢性危害而往往不会引起人们注意，而某些直接感受到的污染因素容易受到社会重视。比如，一条水质良好的河流被污染的过程是长期的，对此人们往往不予注意，而因噪声、烟尘等引起的社会纠纷却很普遍。

2.环境监测的特点

环境质量的变化是各种自然因素和人为因素的综合效应，同时环境质量的变化体现在不同的环境中，各种环境要素随着时间和空间的变化而变化。比如，不同监测点的空气质量与污染物排放量、季节变化、风速、光照、地形地貌密切相关，同一监测点的空气质量随着时间的变化而变化。不仅如此，某一污染组分也会随着条件的改变发生物理、化学转化，不同组分之间发生相加作用、相乘作用或拮抗作用等，这些作用使环境质量的变化更加复杂。

环境污染、环境质量变化的复杂性使环境监测具有以下特点。

（1）监测对象的复杂性

监测对象包括空气、水体（江、河、湖、海及地下水）、土壤、固体废物、生物等环境要素，不同的环境要素之间相互联系、相互影响，每一个环境要素都是巨大的开放体系，污染物在该体系中发生复杂的迁移转化，迁移转化的方式有物理的、化学的和生物的方式。只有对一个或多个环境要素进行综合分析，才能确切地描述环境质量状况。

（2）监测手段的多样性

监测手段包括化学、物理、生物、物理化学、生物化学及生物物理等一切可以表征环境质量的方法。某一种方法可以测定多种污染物，某一种污染物可以采用不同的测定方法测定。

（3）监测数据的科学性

环境污染是随着时空的变化而变化的，既有渐变，也有突变，因此环境监测要具有及时性、代表性、准确性、连续性。监测网络、监测点位的选择一定要有科学性。只有坚持长期测定，才能从大量的数据中揭示其变化规律，预测其变化趋势。数据越多，预测的准确度就越高。

（4）监测结论的综合性

环境监测包括监测方案的制订、采样、样品运送和保存、实验室测定及数据整理等过程，是一个既复杂又有联系的系统。环境监测质量受到众多因素的影响，某一个环节的差错将影响最终数据的质量，这就要求监测人员掌握布点技术、采样技术、数据处理技术和综合评价技术，同时要具备物理学、化学、生物学、生态学、气象学、地球科学、工程学和管理学等多学科知识，只有如此，才能保证环境监测的质量。

（六）　环境监测技术

环境监测技术包括采样技术、测试技术、数据处理技术和综合评价技术。环境监测技术日新月异，已经从单一的环境分析发展到物理化学监测、生物监测、生态监测、遥感卫星监测，从间断监测发展到自动连续监测和在线监测，同时布点技术、采样技术、数据处理技术和综合评价技术也得到了飞速发展。环境监测已经形成了以环境分析为基础、以物理化学测定为主导、以生物监测为补充的学科体系。

1.物理化学监测技术

对环境样品中污染物的成分分析及其状态与结构的分析目前多采用化学分析法和仪器分析法。

化学分析法是以物质的化学反应为基础的分析方法。在定性分析中，许多分离和鉴定反应就是根据组分在化学反应中生成沉淀、气体或有色物质而进行的；在定量分析中，主要有滴定分析和重量分析等方法。这些方法历史悠久，是分析化学的基础，所以又称为经典化学分析法。其中，重量分析法常用于残渣、降尘、油类和硫酸盐等的测定。滴定分析或容量分析被广泛用于水中酸度、碱度、化学需氧量、溶解氧、硫化物和器化物的测定。

仪器分析法是以物质的物理和物理化学性质为基础的分析方法。它包括光谱分析法（可见分光光度法、紫外分光光度法、红外光谱法、原子吸收光谱法、原子发射光谱法、X射线荧光分析法、荧光分析法、化学发光分析法等）、色谱分析法（气相色谱法、高效液相色谱法、薄层色谱法、离子色谱法、色谱-质谱联用技术）、电化学分析法（极谱法、溶出伏安法、电导分析法、电位分析法、离子选择电极法、库仑分析法）、放射分析法（同位素稀释法、中子活化分析法）和流动注射分析法等。仪器分析法被广泛用于环境污染物的定性和定量测定。比如，分光光度法常用于大部分金属、无机非金属的测定，气相色谱法常用于有机物的测定，对污染物进行定性分析常采用紫外分光光度法、红外光谱法、质谱及核磁共振等技术。

2.生物监测技术

生物监测技术是一种利用植物和动物在污染环境中产生的各种反应信息来判断环境质量的方法，是一种最直接、最能反映环境综合质量的方法。

生物监测通过测定生物体内污染物含量，观察生物在环境中受伤害所表现的现状、生物的生理生化反应、生物群落结构和种类变化等判断环境质量。例如，根据某些对特定污染物敏感的植物或动物（指示生物）在环境中受伤害的症状，可以对空气或水的污染做出定性和定量的判断。

3.生态监测技术

生态监测是指运用可比的方法，在时间或空间上对特定区域范围内生态系统或生态系统组合体的类型、结构、功能及其组成要素等进行系统的测定和观察的过程，监测的结果用于评价和预测人类活动对生态系统的影响，为合理利用资源、改善生态环境和保护自然提供决策依据。

由于生态系统的复杂性，各生态要素相互作用、相互影响，任何一个生态要素的变化都可能引起生态系统的变化，对一个生态系统而言，单纯地从理化指标、生物指标评价环境质量已不能满足要求，所以生态监测日益重要，其优越性已显示出来，目前，生态监测总的发展趋势是遥感技术和地面监测相结合，宏观与微观相结合，点与面相结合，加强区域之间联合监测，重视生态风险评价。

4."3S"技术

"3S"技术指地理信息系统（GIS）技术、遥感（RS）技术和全球定位系统（GPS）技术。这三项技术形成了对地球进行空间观测、空间定位及空间分析的完整的技术体系。GIS技术是一种利用计算机平台对各种空间信息进行装载运送及综合分析的功能强大的有效工具。遥感技术的全天候、多时相及不同的空间观测尺度使其成为对地球日益变化的环境与生态问题进行动态观测的"有力武器"。GPS技术提供的高精度地面定位方法因其精度高、使用方便及价格便宜等优点，已被广泛应用在野外样品采集工作中，特别是海洋、大湖及沙漠地区的野外定点工作中。

5.自动与简易监测技术

在自动监测系统方面，一些发达国家已有成熟的技术和产品，如大气、地表水、企业废气、焚烧炉排气、企业废水及城市综合污水等方面均有成熟的自动连续监测系统。完善的、运行良好的空气自动监测系统可以实时监测数据，并对空气污染进行预测预报，发布空气污染警报，可在线监测部分大气污染指标。

在水质自动监测系统等系统中主要使用流动注射法（FIA）。FIA与分光光度法、电化学法、原子吸收光谱法（AAS）、电感耦合等离子体原子发射光谱法（ICP-AES）等技术结合，可测定Cl、NH_3、Ca、NO_3^-、Cr（Ⅵ）、Cu、Pb、Zn、In、Bi、Th、U及稀土类等多种无机成分，已应用于各种水体水质的监测分析。化学需氧量（COD）等水质指标已经实现在线监测。

除了常规监测和预防性监测分析外，快速、简易、便携式的现场测试仪器已被开发出来，用于调查、解决突发性污染事故及污染纠纷。现场快速测定技术有试纸法、水质速测管法（显色反应型）、气体速测管法（填充管型）、化学测试组件法、便携式分析仪器测定法等。

二、水环境监测体系

（一）样品采集、保存与预处理

1.初级

（1）能根据监测项目选择采样器和水样容器，洗涤采样器材。

（2）能使用采样器材在指定的采样点正确采集样品。

（3）能根据监测项目的需要正确选择并加入合适的保存剂对样品进行稳定处理和保存。

（4）能根据监测项目的需要对样品进行冷藏、冷冻保存。

（5）能规范填写水质采样记录表和样品登记表。

（6）能根据水质采样记录表和样品登记表清点样品。

（7）能根据样品运输要求将不同的贮样容器塞紧或密封，并按照防振动、防碰撞要求装箱。

（8）能采用沉淀过滤法、絮凝沉淀法等对样品进行预处理。

（9）能根据可追溯性要求记录样品标签信息。

注：样品采集、保存与预处理的其他要求按《污水监测技术规范》（HJ 91.1—2019）规定的方法执行。

2.中级

（1）能根据不同的水环境进行采样点的布设。

（2）能根据不同的水环境特征确定采样的时间和频率。

（3）能根据不同的水环境特征采集瞬时样品、混合样品或综合样品等不同类型的样品。

（4）能校核水质采样记录表和样品登记表。

（5）能根据监测项目确定样品的保存方法。

（6）能正确选择和配制样品保存剂。

（7）能采用过硫酸钾法、硝酸–硫酸法对样品进行消解预处理。

（8）能采用蒸馏法、四氯化碳萃取–硅酸镁吸附法对样品进行组分分离预处理。

3.高级

（1）能根据监测项目进行现场勘察及汇总调研资料。

（2）能根据监测项目编制、组织和落实相应的采样方案。

（3）能采用硝酸–高氯酸消解法、盐酸法、高锰酸钾–过硫酸钾消解法对样品进行消解预处理。

（4）能采用蒸发浓缩法进行样品体积及待测组分的浓缩预处理。

（二）样品监测分析

1.初级

（1）能配制和标定标准溶液。

（2）能采用重量法测定样品的悬浮物、硫酸盐、全盐量。

（3）能采用酸碱滴定法测定样品的酸度、碱度。

（4）能采用沉淀滴定法测定样品的氯化物。

（5）能采用温度计法测定样品的温度。

（6）能采用玻璃电极法测定样品的pH。

（7）能采用电化学探头法测定样品的溶解氧。

（8）能采用可见分光光度法测定样品的氨氮、硝酸盐氮。

（9）能采用细菌学检验法测定样品的细菌总数、粪大肠菌群、总大肠菌群。

（10）能使用便携式水环境检测仪。

注：标准溶液的配制按《化学试剂标准滴定溶液的制备》（GB/T 601—2016）规定的方法执行，悬浮物的测定按《水质悬浮物的测定重量法》（GB 11901—89）规定的方法执行。

2.中级

（1）能采用电位滴定法正确测定样品的碱度。

（2）能采用碘量法测定样品的溶解氧。

（3）能采用氧化还原滴定法测定样品的化学需氧量、高锰酸盐指数。

（4）能采用稀释与接种法测定水样的五日生化需氧量。

（5）能采用容量法测定样品的氟化物。

（6）能采用可见分光光度法测定样品的总磷、氯化物、硫化物、六价铬、挥发酚。

(7) 能采用紫外分光光度法测定样品的总氮。

(8) 能采用红外分光光度法测定样品的石油类、动植物油类。

(9) 能排除仪器设备的简单故障。

(10) 能对测定所用的容量器皿及仪器设备进行校正。

注：溶解氧的测定按《水质溶解氧的测定碘量法》（GB 7489—87）规定的方法执行，化学需氧量的测定按《水质化学需氧量的测定重铬酸盐法》（HJ 828—2017）规定的方法执行，高锰酸盐指数的测定按《水质高锰酸盐指数的测定》（GB 11892—89）规定的方法执行。

3.高级

(1) 能采用蒸馏滴定法测定样品的氨氮。

(2) 能采用原子吸收分光光度法测定样品的镉、铜、铅、锌、铁、锰。

(3) 能采用冷原子吸收分光光度法测定样品的汞。

(4) 能采用原子荧光法测定样品的汞、砷、硒。

（三）数据处理

1.初级

(1) 能规范填写水质检测原始记录。

(2) 能对数据进行有效数字的取舍和修约。

(3) 能计算逐级稀释样品的浓度、算术平均值和相对标准偏差。

(4) 能对监测分析结果进行单位的换算。

2.中级

(1) 能对浓度和测得的吸光度进行直线回归计算。

(2) 能运用Q检验法和T检验法检验可疑值。

(3) 能计算加标回收率。

(4) 能运用加标回收率评价准确度。

(5) 能审核水质检测原始记录。

(6) 能判断平行样测定数据之间的符合程度。

(7) 能进行方法检出限的测定与计算。

(8) 能进行异常数据分析处理。

(9) 能编制水质检测报告。

3.高级

(1) 能运用数理统计方法判断标准曲线的线性关系。

(2) 能对标准曲线进行截距检验。

（3）能设计各类原始数据记录表。

（4）能审定水质检测报告。

（5）能根据测定数据编写水质分析报告。

（6）能按实验室质量控制要求进行仪器标准化管理。

第三章　水环境污染的监测

第一节　水体污染与水质监测

一、水体污染

在循环过程中，水不可避免地会混入许多杂质（溶解的、胶态的和悬浮的）。在自然水循环中，由非污染环境混入的物质被称为自然杂质或本底杂质，这些杂质按形态（主要是尺寸大小）可分为悬浮物、胶体和溶解物三类。在社会水循环中，在使用过程中混入的物质被称为污染物。但是，目前由于环境普遍受到污染，污染环境和非污染环境的界限有时很难区分。

（一）水体污染的来源

自然水体受到来自废水、大气、固态废料中的污染物污染被称为水污染。水污染控制包括两个方面：（1）控制废水水质，不使它对环境造成污染；（2）研究废水对自然水体的污染规律，以便采取措施，保护水体的使用价值。

水中的污染物质包括悬浮物，酸碱，耗氧有机物，氮、磷等植物性有机物，难降解有机物，重金属，石油类及病原体等。

1.有机污染物

影响水质的污染物质大部分为有机污染物，主要包括以下几类。

（1）需氧有机污染物

需氧有机物包括碳水化合物、蛋白质、油脂、氨基酸、脂肪酸、酯类等有机物质。需氧有机物没有毒性，但水体需氧有机物越多，耗氧越多，水质就越差，水体污染就越严重。

　　需氧有机物会造成水体缺氧，这对水生生物中的鱼类危害严重。允足的溶解氧是鱼类生存的必要条件，目前水污染造成的死鱼事件绝大多数是由这种类型的污染导致的。当水体中溶解氧消失时，厌氧菌繁殖，形成厌氧分解，发生黑臭，分解出甲烷、硫化氢等有毒有害气体，更不适合鱼类生存和繁殖。

　　（2）常见的有机毒物

　　常见的有机毒物包括酚类化合物、有机氯农药、有机磷农药、增塑剂、多环芳烃、多氯联苯等。

　　2.重金属污染

　　重金属作为有色金属在人类的生产和生活中有着广泛的应用，因此在环境中存在各种各样的重金属污染源。其中，采矿和冶炼是向环境释放重金属的主要污染源。

　　水体受重金属污染后，产生的毒性有如下特点：

　　（1）水体中重金属离子浓度为 0.1～10mg/L，即可产生毒性效应。

　　（2）重金属不能被微生物降解，反而可在微生物的作用下，转化为金属有机化合物，使毒性猛增。

　　（3）水生生物从水体中摄取重金属并在体内大量积蓄，经过食物链进入人体，甚至经过遗传或母乳传给婴儿。

　　（4）重金属进入人体后，能与体内的蛋白质及酶等发生化学反应而使其失去活性，并可能在体内某些器官中积累，造成慢性中毒，这种积累的危害有时需要 10～30 年才会显露出来。因此，污水排放标准都对重金属离子的浓度做了严格的限制，以便控制水污染，保护水资源。引起水污染的重金属主要为汞、铬、镉、铅等。此外，锌、铜、钴、银、锡等重金属离子对人体也有一定的毒害作用。

　　3.病原微生物

　　病原微生物主要来自城市生活污水、医院污水、垃圾及地表径流等。病原微生物的水污染危害历史悠久，至今仍是威胁人类健康和生命的重要水污染类型。洁净的天然水一般含细菌很少，含有的病原微生物就更少了。在水质监测中，细菌总数和大肠杆菌群数常作为病原微生物污染的间接指标。

　　病原微生物污染的特点是数量大、分布广、存活时间长（病毒在自来水中可存活 2～288d）、繁殖速度快、易产生抗药性。传统的二级生化污水经处理及加氯消毒后，某些病原微生物仍能大量存活。因此，此类污染物实际上可通过多种途径进入人体并在体内生存，一旦条件适合，就会引起疾病。病毒种类很多，仅人粪尿中就有 100 多种。常见的有肠道病毒和传染性肝炎病毒。

（二）水污染控制的基本原则

随着各类用水量的不断增加，随废水进入自然水体中的各种成分的物质——污染物的种类和数量都在增加，如果不加大防治力度，水污染问题将越来越严重。为了防止这种情况的出现，必须达到以下目标：（1）保证长期持久地利用水资源，并使水体环境质量逐步提高，尤其是城市周边的水体；（2）保护人民的生活和健康状态不受以水为媒介的疾病和病原体的影响；（3）保持生态系统的完整性。

在我国污水排放总量中，工业废水排放量约占60%。水体中绝大多数有毒有害物质来源于工业废水，工业废水大量排放是造成水环境状况日趋恶化、水体使用功能逐渐下降的重要原因。我国江河流域普遍遭到污染。因此，工业水污染的防治是水污染防治的首要任务。国内外工业水污染防治的经验表明，工业水污染的防治必须采取综合性对策，只有从宏观性控制、技术性控制以及管理性控制三个方面着手，才能收到良好的整治效果。

1.优化产业结构与工业结构

在产业规划和工业发展中，贯穿可持续发展的指导思想，调整产业结构，完成产业结构的优化，使其与环境保护相协调。工业结构的优化与调整应按照"物耗少、能耗少、占地少、污染少、技术密集程度高及附加值高"的原则，限制发展那些能耗大、用水多、污染多的工业，以降低单位工业产品或产值的排水量及污染物排放负荷。

2.技术性控制对策

技术性控制对策主要包括推行清洁生产、节水减污、实行污染物排放总量控制、加强工业废水处理等。

（1）积极推行清洁生产

清洁生产指通过生产工艺的改进和革新、原料的改变、操作管理的强化以及污染物的循环利用等措施，将污染物尽可能地消灭在生产过程中，使污染物排放量减到最少。在工业企业内部加强技术改造，推行清洁生产，是防治工业水污染的最重要的对策与措施。

（2）提高工业用水重复利用率

减少工业用水不仅意味着可以减少排污量，还可以减少工业新鲜用水量。因此，发展节水型工业不仅可以节约水资源，缓解水资源短缺和经济发展的矛盾，还对减少水污染和保护水环境具有十分重要的意义。

工业节约用水措施可分为三种类型：技术型、工艺型与管理型，如表3-1所示。这三种类型的工业节约用水措施可从不同层次控制工业用水量，形成一个严密的节水体系，以达到节水减污的目的。

表3-1 工业节水措施的类型

技术型	工艺型	管理型
间接冷却水的循环使用	改变高耗水型工艺	完善用水计量系统
生产工艺水的回收利用	少用水或不用水	制定和实行用水定额制度
水的串联使用	汽化冷却工艺	实行节水奖励、浪费惩罚制
水的多种使用	空气冷却工艺	制定合理水价
采用各种节水装置	逆流清洗工艺	加强用水考核
	干法洗涤工艺	

工业用水的重复利用率是衡量工业节水程度高低的重要指标。提高工业用水的重复用水率及循环用水率是一项十分有效的节水措施。

（3）实行污染物排放总量控制制度

长期以来，我国工业废水的排放一直采用浓度控制的方法。这种方法对减少工业污染物的排放起到了积极的作用，但也出现了某些工厂采用清水稀释污水以降低污染物浓度的不正当做法。污染物排放总量控制是既要控制工业废水中的污染物浓度，又要控制工业废水的排放量，从而使排放到环境中的污染物总量得到控制。实施污染物排放总量控制是我国环境管理制度的重大转变，将对防治工业水污染起到积极的促进作用。

（4）实行工业废水与城市生活污水集中处理

在建有城市污水集中处理设施的城市，应尽可能地将工业废水排入城市下水道，进入城市污水处理厂，与生活污水合并处理。但工业废水的水质必须满足进入城市下水道的水质标准。对于不能满足标准的工业废水，应在工厂内部先进行适当的预处理，当水质满足标准后，方可排入下水道°实践表明，在城市污水处理厂集中处理工业废水与生活污水能节省基建投资和运行管理费用，并能取得更好的处理效果。

3.管理性控制对策

要实行环境影响评价制度和"三同时"制度，进一步完善污水排放标准和相关的水污染控制法规与条例，加大执法力度，严格限制污水的超标排放。规范各单位的污染物排放口，对各排放口和受纳水体进行在线监测，逐步建立并完善城市和工业排污监测网络与数据库，进行科学的监督和管理，杜绝"偷排"现象。

二、水质监测

（一）水质监测的对象和目的

1.水质监测对象

水质监测对象分为水环境质量监测和水污染源监测。水环境质量监测包括对地表水（江、河、湖、库、渠、海水）和地下水的监测；水污染源监测包括对工业废水、生活污水、医院污水等的监测。

2.水质监测目的

水质监测目的是及时、准确和全面地反映水环境质量现状及发展趋势，为水环境的管理、规划和污染防治提供科学的依据，具体可概括为以下几个方面：

（1）对江、河、湖、库、渠、海水等地表水和地下水中的污染物进行经常性的监测，掌握水质现状及其变化趋势。

（2）对生产和生活废水排放源排放的废水进行监视性监测，掌握废水排放量及其污染物浓度和排放总量，评价其是否符合排放标准，为污染源管理提供依据。

（3）对水环境污染事故进行应急监测，为分析判断事故原因、危害及制定对策提供依据。

（4）为国家政府部门制定水环境保护标准、法规和规划提供有关数据和资料。

（5）为开展水环境质量评价和预测、预报及进行环境科学研究提供基础数据和技术手段。

（6）对环境污染纠纷进行仲裁监测，为判断纠纷原因提供科学依据。

（二）水质监测项目

1.地表水监测项目

（1）江、河、湖、库、渠

在《地表水环境质量标准》（GB 3838—2002）及《污水监测技术规范》（HJ 91.1—2019）中，为满足地表水各类使用功能和生态环境质量要求，将监测项目分为必测项目和选测项目，如表3-2所示。

表3-2 水质的常规监测项目

水质	必测项目	选测项目
河流	水温、pH、溶解氧、高锰酸钾指数、电导率、生化耗氧量、氨氮、汞、铅、挥发酚、石油类	化学耗氧量、总磷、铜、锌、氟化物、硒、砷、六价铬、镉、氟化物、阴离子表面活性剂、硫化物、大肠菌群
湖泊、水库	水温、pH、溶解氧、高锰酸钾指数、电导率、生化耗氧量、氨氮、汞、铅、挥发酚、石油类、总氮、总磷、叶绿素a、透明度	化学耗氧量、铜、锌、氟化物、硒、砷、六价格、镉、氟化物、阴离子表面活性剂、硫化物、大肠菌群、微囊藻毒素-LR

（2）海水监测项目

我国《海水水质标准》（GB 3097—1997）按照海域的不同使用功能和保护目标，将水质分为四类，其监测项目如表3-3所示。

表3-3　海水的常规监测项目

水质	常规监测项目
海水	水温、漂浮物、悬浮物、色、臭味、pH、溶解氧、化学需氧量、五日生化耗氧量、汞、镉、铅、六价铬、总铬、铜、锌、硒、砷、镍、氧化物、硫化物、活性磷酸盐、无机氮、非离子态氮、挥发酚、石油类、六六六、滴滴涕、马拉硫磷、甲基对硫磷、苯并（α）芘、阴离子表面活性剂、大肠菌群、病原体、放射性核素（^{60}Co、^{90}Sr、^{106}Rn、^{134}Cs、^{137}Cs）

2.地下水水质监测项目

为保护和合理开发地下水资源，防止和控制地下水污染，保障人民饮用水安全，促进工农业发展，2017年我国颁布了《地下水质量标准》（GB/T 14848—2017）并于2018年5月1日开始实施，代替已沿用20多年的《地下水质量标准》（GB/T 14848—1993）。在新版标准中，水质监测项目共计93项，其中常规监测项目39项，非常规监测项目54项。常规监测项目中包括感官性状和一般化学指标20项，即色（度）、臭和味、肉眼可见物、浑浊度、pH、挥发酚、氨氮、总硬度、溶解性固体、铁、锰、铜、锌、铝、钠、耗氧量、硫酸盐、氯化物、硫化物和阴离子合成洗涤剂；毒理学项目15项，即氟化物、碘化物、硝酸盐、亚硝酸盐、氟化物、砷、硒、汞、六价铬、铅、镉、三氯甲烷、四氯化碳、苯和甲苯；微生物指标2项，即总大肠菌群和菌落总数；放射性指标2项，即总α放射性和总β放射性。非常规监测项目54项均为毒理学指标，在总共69种毒理学指标中，无机物项目20项，有机物项目49项，所确定的分类限值充分考虑了人体健康基准和风险。

3.生活饮用水与集中式饮用水水源地的水质监测项目

我国饮用水与集中式饮用水水源地水质标准所设监测指标有高度一致性，均有常规（必测）项目和非常规（选测）项目。

《生活饮用水卫生标准》（GB 5749—2006）中的水质监测指标共计106项，其中微生物指标6项，饮用水消毒剂指标4项，毒理学指标中无机物指标21项、有机物指标53项，感官性状和一般理化指标20项，放射性指标2项。在借鉴欧盟、美国、俄罗斯和日本等的饮用水标准并充分考虑我国实际情况的基础上，我国已实现了与国际标准的接轨。

饮用水监测的常规项目和非常规项目如表3-4所示。

表 3-4　生活饮用水的监测项目

水质	常规项目	非常规项目
生活饮用水	总大肠菌群、耐热大肠菌群、大肠埃希菌、菌落总数（以上 4 项为微生物指标）；砷、镉、六价铬、铅、汞、硒、氰化物、氟化物、硝酸盐、三氯甲烷、四氯化碳、溴酸盐、甲醛（使用臭氧消毒）、亚氯酸盐（使用二氧化氯消毒）、氯酸盐（使用复合二氧化氯消毒）（以上 15 项为毒理指标）；色度、浑浊度、臭和味、肉眼可见物、pH、溶解性总固体、总硬度、耗氧量、挥发酚类、阴离子合成洗涤剂、铝、铁、锰、铜、锌、氯化物、硫酸盐（以上 17 项为感官性状和一般化学指标）；总 α 放射性、总 β 放射性（以上 2 项为放射性指标）；氯气及游离氯制剂（游离氯）、一氯胺（总氯）、臭氧、二氧化氯（以上 4 项为饮用水消毒剂指标）	贾第鞭毛虫、隐孢子虫（以上 2 项为微生物指标）；锌、钡、铍、硼、钼、镍、银、铊、氯化氰、一氯二溴甲烷、二氯一溴甲烷、二氯乙酸、1，2-二氯乙烷、二氯甲烷、三卤甲烷（三氯甲烷、一氯二溴甲烷、二氯一溴甲烷、三溴甲烷的总和）、1，1，1-三氯乙烷、三氯乙酸、三氯乙醛、2，4，6-三氯酚、三溴甲烷、七氯、马拉硫磷、五氯酚、六六六、六氯苯、乐果、对硫磷、灭草松、甲基对硫磷、百菌清、呋喃丹、林丹、毒死蜱、草甘膦、敌敌畏、莠去津、溴氰菊酯、三氯乙烯、四氯乙烯、氯乙烯、苯、甲苯、二甲苯、乙苯、苯乙烯、苯并（α）芘、氯苯、1，2-二氯苯、1，4-二氯苯、三氯苯、邻苯二甲酸二（2-乙基己基）酯、丙烯酰胺、六氯丁二烯、滴滴涕、1，1-二氯乙烯、1，2-二氯乙烯、环氧氯丙烷、2，4-二氯苯氧基乙酸（2，4-D）、微囊藻毒素-LR（以上 59 项为毒理指标）；氨氮、硫化物、钠（以上 3 项为感官性状和一般化学指标）

集中式饮用水水源地的选择原则如下：依据城市远期和近期规划，历年水质、水文、水文地质、环境影响评价资料，取水点及附近地区的卫生状况和地方病等因素，从卫生、环保、水资源、技术等多方面进行综合评价，经当地卫生行政部门水源水质监测和卫生学评价合格后，该地方才可作为水源地。目前，水源地监测指标共计 110 项，其中增加了与水体运输过程、农业面源污染等相关的项目，如苯系物、硝基苯类和农药等。水源地水质项目与生活饮用水水质指标最大的不同在于水源地水质项目中无消毒剂指标和微生物指标。

水源地水质监测常规项目和非常规项目如表 3-5 所示。

表 3-5　集中式饮用水水源地的监测项目

水质	常规项目	非常规项目
水源地	水温、pH、溶解氧、悬浮物、高锰酸盐指数、化学需氧量、五日生化需氧量、氨氮、总磷、总氮、铜、锌、氟化物、铁、锰、硒、砷、汞、镉、六价铬、铅、氰化物、挥发酚、石油类、阴离子表面活性剂、硫化物、硫酸盐、氯化物、硝酸盐和粪大肠菌群	三氯甲烷、四氯化碳、三溴甲烷、二氯甲烷、1,2-二氯乙烷、环氧氯丙烷、氯乙烯、1,1-二氯乙烯、1,2-二氯乙烯、三氯乙烯、四氯乙烯、氯丁二烯、六氯丁二烯、苯乙烯、甲醛、乙醛、丙烯醛、三氯乙醛、苯、甲苯、乙苯、二甲苯、异丙苯、氯苯、邻二氯苯、对二氯苯、三氯苯、四氯苯、六氯苯、硝基苯、二硝基苯、2,4-二硝基甲苯、2,4,6-三硝基甲苯、硝基氯苯、2,4-二硝基氯苯、2,4-二氯酚、2,4,6-三氯酚、五氯酚、苯胺、联苯胺、丙烯酰胺、丙烯腈、邻苯二甲酸二丁酯、邻苯二甲酸二(2-乙基己基)酯、水合肼、四乙基铅、吡啶、松节油、苦味酸、丁基黄原酸、活性氯、滴滴涕、林丹、环氧七氯、对硫磷、甲基对硫磷、马拉硫磷、乐果、敌敌畏、敌百虫、内吸磷、百菌清、甲萘威、溴氰菊酯、阿特拉津、苯并(α)芘、甲基汞、多氯联苯、微囊藻毒素-LR、黄磷、铝、钴、铍、硼、锑、镍、钡、钒、钛、铊

4.污水监测项目

污水的常规监测项目分为必测项目和选测项目,如表3-6所示。

表 3-6　污水的常规监测项目

类型	必测项目	选测项目
黑色金属矿山(包括磁铁矿、赤铁矿、锰矿等)	pH、悬浮物、重金属	硫化物、锑、铋、锡、氯化物
钢铁工业(包括选矿、烧结、焦化、炼铁、炼钢、轧钢等)	pH、悬浮物、COD、挥发酚、油类、氰化物、六价铬、锌、氨氮	硫化物、氟化物、BOD_5、铬
选矿药剂	COD、BOD_5、悬浮物、氰化物、重金属	
有色金属矿山及冶炼(包括选矿、烧结、电解、精炼等)	pH、COD、氧化物、悬浮物、重金属	硫化物、铍、铝、钒、钴、锑、铋
非金属矿物制品业	pH、悬浮物、COD、BOD_5	油类

续表

类型	必测项目	选测项目
煤气生产和供应业	pH、悬浮物、COD、BOD5、油类、重金属、挥发酚、硫化物	苯并（α）芘、挥发性卤代烃
火力发电（热电）	pH、悬浮物、硫化物、COD	BOD$_5$
电力、蒸汽、热水生产和供应业	pH、悬浮物、硫化物、COD、挥发酚、油类	BOD$_5$
煤炭采造业	pH、悬浮物、硫化物	砷、油类、汞、挥发酚、COD、BOD$_5$
焦化	COD、悬浮物、挥发酚、氨氮、氰化物、油类、苯并（α）芘	总有机碳
石油开采	COD、BOD$_5$、悬浮物、油类、硫化物、挥发性卤代烃、总有机碳	挥发酚、总铬

（三）水质监测分析方法

1.水质监测分析基本方法

按照监测方法所依据的原理，水质监测常用的方法有化学法、电化学法、原子吸收分光光度法、离子色谱法、气相色谱法、液相色谱法、等离子体发射光谱法等。其中，化学法（包括重量法、滴定法）和原子吸收分光光度法是目前国内外水环境常规监测普遍采用的方法，各种仪器分析法也越来越普及，各种方法测定的项目如表3-7所示。

表3-7 常用水环境监测方法测定项目

方法	测定项目
重量法	悬浮物、可滤残液、矿化度、油类、SO_4^{2-}、Cl^-、Ca^{2+}等
滴定法	酸度、碱度、溶解氧、总硬度、氨氮、Ca^{2+}、Mg^{2+}、Cl^-、F^-、CN^-、SO_4^{2-}、S^{2-}、Cl_2、COD、BOD$_5$（五日生化需氧量）、挥发酚等
分光光度法	Ag、Al、As、Be、Ba、Cd、Co、Cr、Cu、Hg、Mn、Ni、Pb、Sb、Se、Th、U、Zn、NO_2-N、氨氮、凯氏氮、PO_4^{3-}、F^-、Cl^-、S^{2-}、SO_4^{2-}、Cl_2、挥发酚、甲醛、三氯甲烷、苯胺类、硝基苯类、阴离子表面活性剂等
荧光分光光度法	Se、Be、U、油类、BaP等

方法	测定项目
原子吸收法	Ag、Al、Be、Ba、Bi、Ca、Cd、Co、Cr、Cu、Fe、Hg、K、Na、Mg、Mn、Ni、Pb、Sb、U、Zn 等
冷原子吸收法	As、Sb、Bi、Ge、Sn、Pb、Se、Te、Hg 等
原子荧光法	As、Sb、Bi、Se、Hg 等
火焰光度法	La、Na、K、Sr、Ba 等
电极法	Eh、pH、DO、F^-、Cl^-、CN^-、S^{2-}、NO_3^-、K^+、Na^+、NH^+
离子色谱法	F^-、Cl^-、Br^-、NO_2^-、NO_3^-、SO_3^{2-}、SO_4^{2-}、$H_2PO_4^-$、K^+、Na^+、NH_4^+
气相色谱法	Be、Se、苯系物、挥发性卤代烃、氯苯类、六六六、滴滴涕、有机磷农药、三氯乙醛、硝基苯类、PCB 等
液相色谱法	多环芳烃类
ICP-AES	用于水中基体金属元素、污染重金属及底质中多种元素的同时测定

2.水质检测分析方法的选择

(1) 我国现行的水质监测分析方法分类

一个监测项目往往有多种监测方法。为了保证监测结果的可比性，在大量实践的基础上，世界各国对各类水体中的不同污染物都颁布了相应的标准分析方法。我国现行的水质监测分析方法按照其成熟程度可分为标准分析方法、统一分析方法和等效分析方法三类。

①标准分析方法

标准分析方法包括国家和行业标准分析方法。这些方法是环境污染纠纷法定的仲裁方法，也是用于评价其他分析方法的基准方法。

②统一分析方法

有些项目的监测方法不够成熟，但这些项目又亟须监测，这些监测方法可经过研究作为统一方法予以推广。在使用这些监测方法过程中积累经验，使其不断完善，为其上升为国家标准方法创造条件。

③等效分析方法

与前两类方法的灵敏度、准确度、精确度具有可比性的分析方法被称为等效分析方法。这类方法可能是一些新方法、新技术，应鼓励有条件的单位先用起来，以推动监测技术的进步。但是，新方法必须经过方法验证和对比实验，证明其与标准分析方法或统一分析方法是等效的才能使用。

(2) 选择水质监测分析方法应考虑的因素

由于水质监测样品中污染物含量的差距大，试样的组成复杂，且日常监测工

作中试样数量大、待测组分多、工作量较大,所以选择分析方法时应综合考虑以下几方面因素:

①为了使分析结果具有可比性,应尽可能采用标准分析方法。若因某种原因采用新方法,必须经过方法验证和对比实验,证明新方法与标准方法或统一方法是等效的。在涉及污染物纠纷的仲裁时,必须用国家标准分析方法。

②对于尚无"标准"或"统一"分析方法的检测项目,可采用国际标准化组织(ISO)、美国环境保护署(EPA)和日本工业标准(JIS)方法体系等其他等效分析方法,同时应经过验证,保证检出限、准确度和精密度能达到质控要求。

③方法的灵敏度要满足准确定量的要求。对于高浓度的成分,应选择灵敏度相对较低的化学分析法,避免高倍数稀释操作而引起大的误差。对于低浓度的成分,则可根据已有条件采用分光光度法、原子吸收法或其他较为灵敏的仪器分析法。

④方法的抗干扰能力要强。方法选择得好,不但可以省去共存物质的预分离操作,而且能提高测定的准确度。

⑤对多组分的测定应尽量选用同时兼有分离和测定的分析方法,如气相色谱法、高效液相色谱法等,以便在同一次分析操作中同时得到各个待测组分的分析结果。

⑥在经常性测定中,或者待测项目的测定次数频繁时,要尽可能选择方法稳定、操作简便、易于普及、试剂无毒或毒性较小的方法。

三、河流水质监测断面优化

水质监测分析是水环境监测管理的基础,通过分析得到水质和污染情况,可以发现流域内的主要污染问题,掌握水体质量的时空规律,从而为水环境监管、水污染防治等提供科学支撑。二生.

(一)水质监测新面优化部选

登沙河流域内现有杨家市控考核断面及登化国控考核断面,考核标准分别执行国家《地表水环境质量标准》(GB 3838—2002)Ⅲ类、Ⅳ类标准。2014年的监测结果显示:杨家市控考核断面,全年除3月、5月、6月、7月、12月以外,其余月份各因子均达标,断面达标率为58.3%,超标月的超标污染因子主要为氨氮和总磷;登化国控考核断面,全年1月、6月、7月、11月达标,其余月份均超标,断面达标率仅为33.3%,超标月的超标污染因子主要为总磷、氨氮和COD。2015年的监测结果显示:杨家市控考核断面,全年断面监测均超标,超标月的超标污染因子主要为氨氮和总磷;登化国控考核断面,全年5月、10月、11月、12月达标，断面达标率为33.3%，超标月的超标污染因子主要为氨氮、总磷和COD。近年水质监测结果表明，登沙河控制断面多次出现不达标情况。流域内监测断面少且分布不均匀，无法对污染严重的区域进行有效的监测，也无法实现对控制断面预警。因此，为了满足水环境监管的需求，需要更加精细化的水质监测网络，以支撑水质动态监视、污染溯源解析、责任落实等工作。需要权衡效益和成本，科学合理地提出断面空间优化布设方案。

根据地表水监测断面的布设原则，结合登沙河流域的实际情况，选定10个水质监测断面作为初始断面，其中8号断面为杨家市控考核断面，10号断面为登化国控考核断面。2018年10月至2019年6月（2019年1月、2月由于河流结冰和断流，缺测），在1~10号断面，每月开展一次水质监测。基于多参数水质监测平台（EXO）及实验室分析，测定11项水质指标，包括pH、温度、DO、浊度、COD、叶绿素、氨氮、总磷、总氮、硝酸盐、亚硝酸盐。

按照地表水监测断面布设规范在登沙河流域布设水质监测断面，然后基于断面水质监测数据，采用系统聚类法、模糊聚类法和物元分析法对监测断面进行优化，并对优化后结果的代表性和重复性进行检验，从而实现以尽量少地监测断面捕捉流域水环境状况，建立符合区域自然地理特征及人类活动影响的科学的、目的明确的水环境监测网络，为流域水环境长效监管提供基础数据支撑。

（二）水质监测断面优化方法

1.系统聚类法

聚类分析是统计学中的"物以类聚"的分析方法，根据研究对象某一方面或某些方面性质上的亲疏程度把研究对象分割成不同的类，使每个类内的相似度达到最高而降低类间的相似度。聚类分析方法有很多种，其中比较常用的包括人均值聚类、系统聚类和模糊聚类等。

系统聚类法的优点是操作简单，有多种计算类别间距离的方法，所以被广泛应用于实际研究中，其基本思想如下：所研究的样品或指标之间存在程度不同的相似性，这种相似性是以样品之间的距离来衡量的，因此可以根据样品的多个观测指标，具体找出一些能够度量样品或指标之间相似程度的统计量，以这些统计量为依据进行分类，这个聚类的过程可以用聚类分析谱系图表达出来。本节采用SPSS软件编程实现系统聚类分析，具体步骤如下：

（1）样品指标的预处理。

（2）计算每两个样品之间的距离，从而构成距离矩阵。

（3）把距离接近的样品所在的类合并成一类，所有的样品组成了新的分类。

（4）计算新的分类中每两类之间的距离，同样距离接近的两个类合并成一类，组成新的分类。

（5）重复步骤（4），直至所有样品合并成一个大类。

（6）画出聚类分析谱系图。

2.模糊聚类法

模糊聚类法是通过建立模糊相似关系对样品进行分类的，即根据样品间的特征、相似性等进行分类，该方法的优点是结果更加贴近实际情况。

聚类分析是采用一定的数学方法，将样本之间的亲疏关系进行量化，但是当聚类涉及的事物之间的界限较模糊时，需要运用模糊聚类法，该方法是将模糊数学的概念引入聚类分析中而形成的定量多元统计聚类分析方法模糊聚类法被广泛应用在气象预报、地质、农业等方面，而水质监测断面的特点是在布设上的不确定性大，且各断面在一定程度上存在着重叠性、交叉性，表现出一定的"亦此亦彼"的性质，因此水质监测断面适合进行模糊划分。

本节采用MATLAB软件编程实现该方法的各个步骤，具体步骤如下。

（1）建立原始数据矩阵

假设有n个待分类的水质监测断面，每个断面都包含几个水质指标，则原始数据矩阵为

$$X = \begin{bmatrix} X_{11} \cdots X_{1m} \\ \cdot \\ \cdot \\ \cdot \\ X_{n1} \cdots X_{nm} \end{bmatrix} \tag{3-1}$$

（2）数据标准化处理

水质监测断面的各水质指标的数量大小和量纲差别很大，不能用原始数据进行计算，因为一些数量较大的指标会对分类结果产生十分明显的影响，进而使一些数量较小的指标的作用被忽略。在建立原始数据矩阵之后，采用标准差规格化法、均值规格化法、极差规格化法等方法对原始数据进行标准化处理；

（3）建立模糊相似矩阵

对原始数据进行标准化处理后，就可以建立用来描述断面相似程度的模糊相似矩阵R。

$$X = \begin{bmatrix} X_{11} \cdots X_{1m} \\ \cdot \\ \cdot \\ \cdot \\ X_{n1} \cdots X_{nm} \end{bmatrix} \tag{3-2}$$

欧式距离法常用于计算代表断面之间相似程度的系数公式为

$$r_{ij} = 1 - c\sqrt{\sum_{k=1}^{iii}(X_{ik} - X_{jk})^2} \qquad (3-3)$$

式中：c为使$0 \leqslant r_{ij} \leqslant 1$的常数，i, j=1, 2, …, n。

（4）建立模糊等价矩阵

模糊相似矩阵R具有自反性和对称性，但是不具有矩阵的传递性。因此，为了实现水质监测断面最终的聚类，需要使用自乘方法构建模糊等价矩阵，即R→R^2→R^4→…→R^{2k}，经过有限次自乘运算之后，使$R^{2k}=R^{2(k+1)}$，则t（R）=R^{2k}就是模糊等价关系。

（5）水质监测断面分类

构建模糊等价矩阵之后，再利用置信水平λ集的不同标准（λ∈[0, 1]），在模糊等价矩阵上截集来获取不同置信水平下的断面分类结果，画出聚类分析谱系图。

3.物元分析法

物元分析是研究物元，探讨如何求解不相容问题的一种方法，由我国学者蔡文首创。该方法的应用范围十分广泛，包括公共管理、市场营销和大气环境等领域。由于水质监测断面的污染指标相对较多，而且各项污染指标优选的断面结果往往是不相容的，因此求解不相容问题的物元分析法在水质监测断面优化中也有一些应用。相比其他一些优化方法，物元分析法的优点是计算结果准确，而且可将复杂问题通过模型等手段简单化，该方法在水质监测断面优化中的应用具体包括以下几个步骤。

（1）根据所有水质监测断面的各项污染指标监测值，选出各项污染指标的最佳值a、最劣值b和均值c；构建两个标准物元矩阵R_{AC}和R_{CB}以及一个节域物元矩阵R_{AB}。

$$R_{AC} = \begin{bmatrix} M_{AC} & Q_1(a_1, c_1) \\ & \vdots \\ & Q_m(a_m, c_m) \end{bmatrix} \qquad (3-4)$$

$$R_{AC} = \begin{bmatrix} M_{CB} & Q_1(c_1, b_1) \\ & \vdots \\ & Q_m(c_m, b_m) \end{bmatrix} \qquad (3-5)$$

$$R_{AC} = \begin{bmatrix} M_{AB} & Q_1(a_1, b_1) \\ & \vdots \\ & Q_m(a_m, b_m) \end{bmatrix} \qquad (3-6)$$

式中：M为对象；Q_1, Q_2, …, Q_m为各项污染指标；a_1, a_2, …, a_m为各项污染指标的最佳值；c_1, c_2, …, c_m为各项污染指标的平均值；b_1, b_2, …, b_m为各项污染指标的最劣值。

（2）将每个监测断面的污染指标值构成一个待优化的物元矩阵，分别建立该物元与两个标准物元矩阵之间的线性关联函数（$K_A(x_{ij})$，$K_B(x_{ij})$）和综合关联函数（$K_A(x_i)$，$K_B(x_i)$），公式如下：

$$K_A(x_{ij}) = \frac{x_{ij} - c_j}{c_j - a_j} \tag{3-7}$$

$$K_B(x_{ij}) = \frac{x_{ij} - c_j}{c_j - b_j} \tag{3-8}$$

$$K_A(x_i) = \sum_{j=1}^{m} \omega_j K_A(x_{ij}) \tag{3-9}$$

$$K_B(x_i) = \sum_{j=1}^{m} \omega_j K_B(x_{ij}) \tag{3-10}$$

式中：x_{ij} 为 i 断面 j 污染指标监测值；ω_j 为 j 污染指标的权值。

（3）以 $K_A(x_i)$ 和 $K_B(x_i)$ 为坐标轴，绘制监测断面的点聚图，根据图形中各断面的分布情况确定水质监测断面的分类。

（三）水质状况分析

综合考虑研究区的干支流分布、污染源特征及下垫面情况，选定10个水质监测断面，其中8号断面为杨家市控考核断面、10号断面为登化国控考核断面，定期采集水样，获取每个监测断面的水质数据。在断面优化中，取各断面、各指标历次监测数据的均值作为初始优化样本。

首先基于水质断面监测结果对登沙河的水质状况进行评价，各断面主要水质指标历次监测的均值如表3-8所示。

表3-8　监测断面主要污染物均值

监测断面	氨氮/ $(mg \cdot L^{-1})$	总磷/ $(mg \cdot L^{-1})$	总氮/ $(mg \cdot L^{-1})$	DO/ $(mg \cdot L^{-1})$	COD/ $(mg \cdot L^{-1})$
1	15.09	0.36	16.80	6.54	42.78
2	1.00	0.04	3.76	9.79	35.26
3	11.34	0.27	13.40	7.15	40.85
4	2.28	0.11	3.76	6.81	29.34
5	0.11	0.03	3.38	10.99	15.55
6	9.12	0.27	12.20	6.25	33.75
7	0.48	0.06	4.41	8.14	29.67
8	1.40	0.16	3.60	12.12	39.34
9	0.25	0.04	2.97	9.90	27.95
10	2.40	0.12	3.80	6J4	138.40

由表3-8可知，对于氨氮，70%监测断面（断面1、2、3、4、6、8、10）未达到《地表水环境质量标准》（GB 3838—2002）Ⅲ类标准，50%监测断面（断面1、3、4、6、10）为劣Ⅴ类，其中最大浓度达到15.09mg/L，接近Ⅴ类水体标准浓度（2mg/L）的8倍；对于总磷，30%监测断面（断面1、3、6）未达到Ⅲ类标准，10%监测断面（断面1）未达到Ⅳ类标准，所有断面均优于Ⅴ类标准；对于总氮，所有监测断面均为劣Ⅴ类，其中最大浓度达到16.80mg/L，约为Ⅴ类水体标准浓度（2mg/L）的8倍；对于DO，所有监测断面均优于Ⅱ类标准；对于COD，90%监测断面（断面1、2、3、4、6、7、8、9、10）未达到Ⅲ类标准，60%监测断面（断面1、2、3、6、8、10）未达到Ⅳ类标准，30%监测断面（断面1、3、10）为劣Ⅴ类，其中最大浓度达到138.40mg/L，是Ⅴ类水体标准浓度（40mg/L）的3倍多。综上所述，对于研究流域而言，总氮的超标现象最为严重，其次是氨氮和COD，部分监测断面也存在总磷超标的现象。

（四）断面优化分类结果

1.系统聚类法断面优化

基于上文介绍的系统聚类方法，以水质监测数据为基础，得到监测断面的系统聚类图，如图3-1所示。

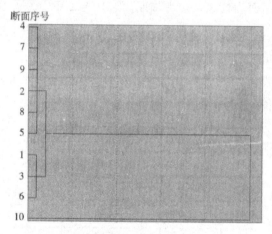

图3-1 系统聚类分析结果

从图3-1中可知，监测断面被划分为三类：

（1）1、3、6号断面为一类，这3个断面的氨氮、总氮浓度均为劣Ⅴ类，总磷均未达到Ⅲ类标准，且指标浓度远远大于其他断面（表3-8），1号断面为普兰店入金州新区的跨界断面，周围分布密集的养殖场和零散工业企业，故水质状况较差，3号断面位于密集的居民区附近，且3、6号断面是干流断面，均受1号断面水质影响，加之2、4、5号支流的监测指标浓度相对较小，故1、3、6号断面相似。

（2）10号断面为一类，该断面的COD浓度远远高于其他断面，氨氮和总磷浓度也高于上游相邻断面（表3-8），主要原因在于10号断面临近工业产业园区，部分工业企业排口位于断面上游，加之受海水上溯顶托影响，工业企业污染排放导致该断面有机污染严重。

（3）其余断面2、4、5、7、8、9为一类，这些断面的水质指标浓度相对而言较为接近（表3-8），除8号断面外，其余断面均位于支流，周边土地类型主要为耕地，零散分布着养殖户和工业企业。

当所有断面分为两类时，10号断面单独分为一类，其余断面分为一类，主要由于10号断面受工业产业园区及海水上溯顶托影响，有机污染严重，COD浓度远超其他断面，而其他断面的周边土地利用类型以居住用地、畜禽养殖和农业耕地为主。

2.模糊聚类法断面优化

基于上文介绍的模糊聚类法，以10个断面的水质监测数据为基础，建立模糊等价关系矩阵，选取不同的λ（λ∈[0，1]）截集来获取不同置信水平下的断面分类结果，λ由大到小对应监测断面分类由多到少。为便于作图和分析，以$1-\lambda$为纵轴绘制断面聚类图，如图3-2所示。

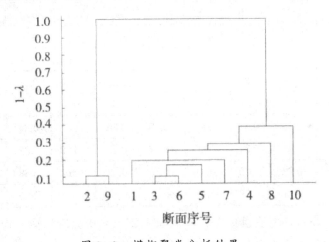

图3-2　模糊聚类分析结果

从图3-2中可知，模糊聚类法的分类结果与系统聚类法有少许差别，结合现有监测断面个数以及理想的优化结果，分析结果为四类和三类时的情况。当置信水平为0.744时，所有断面分为四类：

（1）1、3、4、5、6、7号断面为一类，这些断面均处于流域的中上游，周边的土地利用类型主要为耕地和居住用地，并有零散分布的畜禽养殖用地，同时，干流和支流之间存在水力联系，如1号断面水质较差则会影响3号断面水质。

（2）2、9号断面为一类，这两个断面均位于支流，周边土地利用类型相似，各项水质指标的监测值都较为接近，与其他断面的相似度不高。

（3）8号断面单独为一类，其周围分布着密集的工业及农业园区，且该断面位于1~7号断面的下游，该断面的水质受多因素共同作用。

（4）10号断面单独为一类，这与系统聚类法结果一致。

当置信水平为0.711时，所有断面分为三类，8号断面与1、3、4、5、6、7号断面并为一类，这与系统聚类法的结果类似。

4.物元分析法断面优化

基于监测断面的各项污染指标，拟定出最佳值、最劣值和均值，由各项污染指标的量值范围构建两个物元矩阵 R_{AC} 和 R_{CB}，然后由最佳值和最劣值组成一个节域物元矩阵 R_{AB}。

利用式（3-7）、式（3-8）计算得到每个监测断面各项污染指标的关联函数（$K_A(x_{ij})$，$K_B(x_{ij})$），如表3-9所示。

表3-9监测断面线性关联函数

监测断面	$K_A(x_{ij})$					$K_B(x_{ij})$				
	氨氮	总磷	总氮	DO	COD	氨氮	总磷	总氮	DO	COD
1	2.54	1.83	2.60	0.49	−0.02	−1.00	−1.00	−1.00	−0.82	0.01
2	−0.79	−0.92	−0.79	−0.38	−0.29	0.31	0.51	0.31	0.63	0.08
3	1.65	1.10	1.72	0.33	−0.09	−0.65	−0.60	−0.66	−0.55	0.03
4	−0.49	−0.30	−0.79	0.42	−0.50	0.19	0.16	0.30	−0.70	0.15
5	−1.00	−1.00	−0.89	−0.70	−1.00	0.39	0.55	0.34	1.16	0.29
6	1.13	1.09	1.40	0.57	−0.34	−0.44	−0.60	−0.54	−0.95	0.10
7	−0.91	−0.75	−0.63	0.06	−0.49	0.36	0.41	0.24	−0.11	0.14
8	−0.70	0.10	−0.84	−1.00	−0.14	0.27	−0.05	0.32	1.66	0.04
9	−0.97	−0.92	−1.00	−0.41	−0.55	0.38	0.50	0.38	0.68	0.16
10	−0.46	−0.21	−0.78	0.60	3.43	0.18	0.11	0.30	−1.00	−1.00

基于《地表水环境质量标准》（GB3838-2002）中分级标准的指数超标法计算污染指标的权值，从而得到各项污染指标归一化权值 ω_j，如表3-10所示。然后根据式（3-9）、式（3-10）计算得到监测断面的综合关联函数（$K_A(x_{ij})$，$K_B(x_{ij})$），如表3-11所示。

表3-10 污染指标归一化权值结果

指标	S_j	$\overline{x_j}/S_j$	ω_j
氨氮	1.03	4.22	0.28
总磷	0.21	0.72	0.05
总氮	1.04	6.54	0.43
DO	4.70	1.78	0.12
COD	24.00	1.80	0.12

注：S_j 为 j 因子各级标准值的平均值；$\overline{x_i}$ 为 j 因子监测值的平均值；$\overline{x_i}/S_j$ 为指数超标法计算的权值；ω_j 为第 j 种污染物的归一化权值。

表 3-11 各监测断面综合关联函数

监测断面	1	2	3	4	5	6	7	8	9	10
K_A（x_i）	1.98	−0.69	1.29	−0.51	−0.92	1.00	−0.61	−0.69	−0.86	0.00
K_B（x_i）	−0.86	0.33	−0.56	0.13	0.46	−0.49	0.23	0.42	0.40	−0.05

4.优化断面筛选

汇总不同优化方法得到的结果如表 3-12 所示，结合各断面所处的土地利用类型、生产方式以及空间分布进行断面的优化筛选。

表 3-12 不同优化方法的优化结果

优化方法	断面分类	
系统聚类法 物元分析法	第一类	1、3、6
	第二类	2、4、5、7、8、9
	第二类	10
模糊聚类法	第一类	1、3、4、5、6、7
	第二类	2、9
	第三类	8
	第四类	10

10 号断面为现有国控考核断面，且在三种优化结果里均单独为一类，故将其保留。8 号断面为现有市控考核断面，且模糊聚类法将其单独划分为一类，故保留该断面。1、3、6 号断面在三种优化结果里均处于同一类中，1 号断面为普兰店流入金州新区的跨界断面，需要保留，3 号断面和 1 号断面相邻且有水力联系，而 6 号断面距 1 号断面较远，且中间有支流汇入，故考虑到断面布设的代表性和均匀性，舍弃 3 号断面，保留 6 号断面。对于 2、4、5、7、9 号断面，2、9 号断面在模糊聚类结果中为一类，2 号断面靠近上游，且周围分布诸多养殖场，故保留 2 号断面；4、5、7 号断面均为左岸的支流，周边土地利用类型均以居住用地、畜禽养殖用地和农业耕地为主，考虑断面在流域分布的均匀性，保留 5 号断面。

综上所述，最终确定优化后的水质监测断面为 1、2、5、6、8、10，相比于最初布设点位，断面个数缩减了 40%。因此，根据多时空尺度的监测断面实测水质数据进行点位优化，可避免由于主观判断造成的断面布设冗余、重复及覆盖不全的情况，在显著提高监测效率的同时节约监测成本。

（五）优化结果检验

在完成监测断面优化筛选之后，为明晰优化后的监测断面对水环境状况的代表性相比于优化前是否发生变化，将优化前与优化后主要污染指标（氨氮、总磷、总氮、DO、COD）的监测数据作为两个样本，采用方差检验和均值检验方法，对两个样本做一致性检验，结果如表3-13所示。由此可知，在监测断面优化前后，5个主要污染指标的样本方差齐，且均值无显著性差异。因此，优化后的监测断面可以很好地代表优化前的监测断面，即经过系统聚类、模糊聚类和物元分析优化得到的监测断面能够较好地捕捉流域水环境质量状况，减少了监测断面数量，节约了监测成本。

表3-13   优化前后检验结果

指标	方差F检验			均值t检验		
	F	显著性	结果	t	显著性	结果
氨氮	0.058	0.813	方差齐	−0.175	0.864	无显著性差异
总磷	0.036	0.852	方差齐	−0.269	0.792	无显著性差异
总氮	0.127	0.727	方差齐	−0.160	0.875	无显著性差异
DO	1.124	0.307	方差齐	−0.211	0.836	无显著性差异
COD	0.470	0.504	方差齐	−0.385	0.706	无显著性差异

除了代表性之外，断面重复布设会造成监测效率降低，同时增加监测成本，因此断面重复布设情况是反映监测断面布设合理与否的重要指标之一。对优化前、优化后相邻断面监测数据的相关性进行分析，以此作为反映断面重复布设的一个指标。表3-14给出了优化前、优化后相关和不相关的相邻断面数与相邻断面总数的比值。数据显示，优化后的相邻断面的相关性明显降低，相关断面占比由优化前0.71降低至优化后的0.54，不相关断面占比由优化前的0.29增加至优化后的0.46。由此可见，优化筛选得到的监测断面重复布设的情况明显减少。

表3-14   相邻断面数据相关性

	相关断面占比	不相关断面占比
优化前	0.71	0.29
优化后	0.54	0.46

本节的断面优化方法和思路在其他流域中也有类似的应用，如甘宇等在物元分析的基础上引入重心距离这一物理量，对辽河干流水质监测断面进行优化，优化后监测效率提高了25%。姜厚竹通过采用％均值聚类分析和模糊聚类法对松花江流域省界缓冲区水质监测断面进行优化，将50个监测断面优化为32个，排除主观因素影响，剔除了代表性差、采样困难、重复设置的断面，大大提高了水质监

测效率。王静在对混水水质监测断面进行优化时，采用了模糊聚类法，优化结果使经费节约 40%。由此可见，本节采用系统聚类法、模糊聚类法和物元分析法，结合土地利用类型、污染源分布进行断面优化筛选，研究的整体框架及优化结果具有较好的科学性和可行性。

第二节　水质监测方案的制订

一、地表水监测方案制定

（一）资料收集和实地调查

1.资料收集

在制订监测方案之前，应全面收集目标监测水体及其所在区域的相关资料，主要有以下几方面内容：

（1）水体的水文、气候、地质和地貌等自然背景资料，如水位、水量、流速及流向的变化，降水量、蒸发量及历史上的水情，河流的宽度、深度、河床结构及地质状况，湖泊沉积物的特性、间温层分布、等深线等。

（2）水体沿岸城市分布、人口分布、工业布局、污染源及其排污情况等。

（3）水体沿岸资源情况和水资源用途、饮用水源分布和重点水源保护区等。

（4）地面径流污水排放、雨污水分流情况以及水体流域土地功能、农田灌溉排水、农药和化肥施用情况等。

（5）历年水质监测资料等。

（6）收集原有的水质分析资料，或在需要设置断面的河段上设若干调查断面并进行采样分析。

2.实地调查

在基础资料收集基础上，要进行目标水体的实地调查，更全面地了解和掌握水体以及周边环境信息的动态及其变化趋势。当目标水体为饮用水源时，应开展一定范围的公众调查，必要时还要进行流行病学调查，并对历史数据和文献资料信息综合分析，为科学制订监测方案提供重要依据。

（二）监测断面的设置

在对调查结果和有关资料进行综合分析的基础上，根据监测目的和监测项目，同时考虑人力、物力等因素，确定监测断面。

1.监测断面的布设原则

监测断面在总体和宏观上须能反映水系或其所在区域的水环境质量状况。各断面的具体位置须能反映所在区域环境的污染特征，尽可能以最少的断面获取足够多的有代表性的环境信息。同时须考虑实际采样的可行性和方便性。

（1）对流域或水系要设立背景断面、控制断面（若干）和入海口断面。在行政区域可设背景断面（对水系源头）或入境断面（对过境河流）或对照断面、控制断面（若干）和入海河口断面或出境断面。在各控制断面下游，如果河段有足够长度（至少10km），则还应设削减断面。

（2）根据水体功能区设置控制监测断面，同一水体功能区至少要设置一个监测断面。

（3）断面位置应避开死水区、回水区、排污口处，尽量选择顺直河段、河床稳定、水流平稳、水面宽阔、无急流、无浅滩处。

（4）监测断面力求与水文测流断面一致，以便利用其水文参数，实现水质监测与水量监测的结合。

（5）监测断面的布设应考虑社会经济发展、监测工作的实际状况和需要，要具有相对的长远性。

（6）在流域同步监测中，根据流域规划和污染源限期达标目标确定监测断面。

（7）在河道局部整治中，监视整治效果的监测断面由所在地区环境保护行政主管部门确定。

（8）入海河口断面要设置在能反映入海河水水质并临近入海的位置。

2.监测断面的数量

监测断面设置的数量，应根据掌握水环境质量状况的实际需要，考虑对污染物时空分布和变化规律的了解、优化的基础上，以最少的断面、垂线和测点取得代表性最好的监测数据。

3.监测断面的设置

（1）河流监测断面的设置

河流监测断面是指在河流采样时，实施水样采集的整个剖面，分背景断面、对照断面、控制断面和削减断面等。对于江、河、水系或某个河段，一般要求设置三种断面，即对照断面、控制断面和削减断面。

①背景断面

背景断面设在未受污染的清洁河段上，用于评价整个水系的污染程度。

②对照断面

对照断面是为了了解流入监测河段前的水体水质状况而设置的。对照断面应设在河流进入城市或工业区之前的地方，避开各种废水、污水流入或回流处。一个河段一般只设一个对照断面，有主要支流时可酌情增加。

③控制断面

控制断面是为了评价、监测河段两岸污染源对水体水质的影响而设置的。控制断面的数目应根据城市的工业布局和排污口分布情况而定。断面的位置与废水排放口的距离应根据主要污染物的迁移、转化规律，河水流量和河道水力学特征确定，一般设在排污口下游500~1000m处。因为重金属浓度一般在排污口下游500m横断面上1/2宽度处出现高峰值。在有特殊要求的地区，如水产资源区、风景游览区、自然保护区、与水源有关的地方病发病区、严重水土流失区及地球化学异常区等的河段，也应设置控制断面。

④削减断面

削减断面是指河流受纳废水和污水后，经稀释扩散和自净作用，使污染物浓度显著下降，其左、中、右三点浓度差异较小的断面，通常设在城市或工业区最后一个排污口下游1500m以外的河段上。水量小的小河流应视具体情况而定。

⑤省（自治区、直辖市）交界断面

省、自治区和直辖市内主要河流的干流以及一、二级支流的交界断面都是环境保护管理的重点断面。

⑥其他各类断面

a.水系的较大支流汇入前的河口处以及湖泊、水库、主要河流的出入口应设置监测断面。

b.国际河流出入国境的交界处应设置出境断面和入境断面。

c.国务院环境保护行政主管部门统一设置省、自治区、直辖市交界断面。

d.对流程较长的重要河流，为了解水质、水量变化情况，经适当距离后应设置监测断面。

e.对水网地区流向不定的河流，应根据常年主导流向设置监测断面。

f.对水网地区，应视实际情况设置若干控制断面，其控制的径流量之和不应小于总径流量的80%。

g.有水工构筑物并受人工控制的河段，视情况分别在闸、坝、堰上下设置断面。如水质无明显差别，可只在闸（坝、堰）上设置监测断面。

h.要使各监测断面能反映一个水系或一个行政区域的水环境质量。

i.对季节性河流和人工控制河流，由于实际情况差异很大，这些河流监测断面的确定、采样的频次与监测项目、监测数据的使用等由各省、自治区、直辖市环境保护行政主管部门自定。

⑦潮汐河流监测断面的布设

a.潮汐河流监测断面的布设原则与其他河流相同，设有防潮桥闸的潮汐河流，根据需要在桥闸的上、下游分别设置断面。

b.根据潮汐河流的水文特征，潮汐河流的对照断面一般设在潮区界以上。若感潮河段潮区界在该城市管辖的区域之外，则在城市河段的上游设置一个对照断面。

c.潮汐河流的削减断面一般应设在近入海口处。若入海口处于城市管辖区域外，则设在城市河段的下游。

d.潮汐河流的断面位置尽可能与水文断面一致或靠近，以便取得有关的水文数据。

（2）湖泊、水库监测垂线的布设

①湖泊、水库通常只设监测垂线，如有特殊情况，可参照河流的有关规定设置监测断面。

②湖（库）区的不同水域，如进水区、出水区、深水区、浅水区、湖心区、岸边区，按水体类别设置监测垂线。

③湖（库）区若无明显功能区别，可用网格法均匀设置监测垂线。

④监测垂线上采样点的布设一般与河流的规定相同，但有可能出现温度分层现象时，应做水温、溶解氧的探索试验后再定。

⑤受污染物影响较大的重要湖泊、水库，应在污染物主要输送路线上设置控制断面。

4.采样点位的确定

（1）河流采样点的确定

在设置监测断面以后，应根据水面的宽度确定断面上的采样垂线，再根据采样垂线的深度确定采样点的位置和数目。

在一个监测断面上设置的采样垂线数与各垂线上的采样点数应符合表3-15和表3-16中的规定。

表3-15　采样垂线数的设置

水面宽	垂线数	说明
≤50m	一条（中泓）	垂线布设应避开污染带，要测污染带应另加一条； 确能证明该断面水质均匀时，可仅设中泓垂线； 凡在该断面要计算污染通量时，必须按本表设置垂线。
50~100m	两条（近左、右岸有明显水流处，或1/3河宽处）	
>100m	三条（左、中、右，在主流线上及距两岸不少于0.5m，并有明显水流的地方）	

表 3-16 采样垂线上采样点数的设置

水深	采样点数	说明
≤5m	上层一点	上层指水面下 0.5m 处，水深不到 0.5m 时，在水深 1/2 处； 下层指河底以上 0.5m； 中层指 1/2 水深处； 封冻时在冰下 0.5m 处采样，水深不到 0.5m 时，在水深 1/2 处采样； 凡在该断面要计算污染物通量时，必须按本表设置采样点。
5～10m	上、下层两点	
>10m	上、中、下三层三点	

（2）湖、库采样点的确定

垂线上采样点位置和数目的确定方法与河流相同。如果存在间温层，应先测定不同水深处的水温、溶解氧等参数，确定成层情况后再确定垂线上采样点的位置。

各湖、库监测垂线上的采样点数应符合表 3-17 中的规定。

表 3-17 湖、库监测垂线上采样点数的设置

水深	分层情况	采样点数	说明
≤5m		一点（水面下 0.5m）	分层是指湖水温度分层状况； 水深不足 1m 时，在 1/2 水深处设置测点； 有充分数据证实垂线水质均匀时，可酌情减少测点。
5～10m	不分层	二点（水面下 0.5m，水底上 0.5m）	
5～10m	分层	三点（水面下 0.5m，1/2 斜温层，水底上 0.5m）	
>10m		除水面下 0.5m、水底上 0.5m 处外，按每一斜温层分层 1/2 处设置	

选定的监测断面和垂线均应经环境保护行政主管部门审查确认，并在地图上标明准确位置，在岸边设置固定明显的天然标志，如果没有天然标志物，则应设置人工标志物，如竖石柱、打木桩等。同时，用文字说明断面周围环境的详细情况，并配以照片。这些图文资料均存入断面档案。断面一经确认即不准任意变动；确需要变动时，须经环境保护行政主管部门同意，重做优化处理与审查确认。

每次采样要严格以标注物为准，使采集的样品取自同一位置上，以保证样品的代表性和可比性。

（三）采样时间与采样频次的确定

为使采集的水样具有代表性，能够反映水质在时间和空间上的变化规律，必须确定合理的采样时间和采样频率。依据不同的水体功能、水文要素和污染源、污染物排放等实际情况，力求以最低的采样频次，取得最有时间代表性的样品。所确定的采样时间与采样频次既要满足能反映水质状况的要求，又要切实可行。确定采样时间与采样频次的一般原则如下：

1.对于较大水系的干流和中、小河流，全年采样不少于6次，采样时间为丰水期、枯水期和平水期，每期采样两次。流经城市工业区、污染较重的河流、游览水域、饮用水源地全年采样不少于12次，采样时间为每月1次或视具体情况选定。每年在枯水期对底泥采样1次。

2.对于潮汐河流，全年在丰水期、枯水期、平水期采样，每期采样两天，分别在大潮期和小潮期进行，每次应采集当天涨、退潮水样分别测定。

3.对于排污渠，每年采样不少于3次。

4.对于设有专门监测站的湖泊、水库，每月采样1次，全年不少于12次。对于其他湖泊、水库，全年采样两次，枯水期、丰水期各1次。有废水排入、污染较重的湖泊、水库，应酌情增加采样次数。

5.背景断面，每年采样1次。

6.遇有特殊自然情况，或发生污染事故时，要随时增加采样频次。

7.为配合局部流域的河道整治，及时反映整治的效果，应在一定时期内增加采样频次，具体由整治工程所在地方环境保护行政主管部门确定。

二、水污染源监测方案的制订

水污染源包括工业废水源、生活污水源、医院污水源等。工业生产过程中排出的水被称为废水，包括工艺过程用水、机器设备冷却水、烟气洗涤水、漂白水、设备和场地清洗水等。由居民区生活过程中排出物形成的、含公共污物的水被称为污水。污水中主要含有洗涤剂、粪便、细菌、病毒等，进入水体后，可大量消耗水中的溶解氧，使水体缺氧，自净能力降低；其分解产物具有营养价值，易引起水体富营养化；细菌、病毒还可能引发疾病。

废水和污水采样是污染源调查与监测的主要工作之一。而污染源调查与监测是监测工作的一个重要方面，是环境管理和治理的基础。

（一）采样前的调查研究

1.调查工业废水

（1）调查工业概况

调查工厂名称、地址、企业性质、生产规模等。

（2）调查工业用水情况

工业用水一般分生产用水和管理用水。生产用水主要包括工艺用水、冷却用水、漂白用水等。管理用水主要包括地面与车间冲洗用水、洗浴用水、生活用水等。需要调查清楚工业用水量、循环用水量、废水排放量、设备蒸发量和渗漏损失量。可用水平衡计算和现场测量法估算各种用水量。

（3）调查工业废水类型

工业废水可分为物理污染废水、化学污染废水、生物及生物化学污染废水三种主要类型以及三种污染类型。通过对工业流程和原理、工艺水平、能源类型、原材料类型和产品产量等的调查，计算出排水量、废水类型及可能的典型污染物，并确定需要监测的项目。

（4）调查工业废水的排污去向

①车间、工厂或地区的排污口数量和位置。

②调查工业废水直接排入还是通过渠道排入江、河、湖、库、海中，以及是否有排放渗坑。

2.调查生活和医院污水

（1）生活污水源

调查城镇人口、居民区位置及用水量。调查城市污水处理厂运行状况、处理量以及城市下水道管网布局。

（2）生活垃圾

调查生活垃圾产生量、位置及处理处置情况。

（3）农业污染源

调查农业用化肥、农药情况。

（4）医院污水源

调查医院分布和医疗用水量、排水量口

（二）采样点的设置

水污染源一般经管道或渠、沟排放，截面面积较小，不需要设置断面，直接确定采样点位即可。

1.工业废水

（1）在车间或车间处理设备的废水排放口设置采样点，测一类污染物（汞、镉、砷、铅、六价铬、有机氯化合物、强致癌物质等）。

（2）在工厂废水总排放口布设采样点，测二类污染物（悬浮物、硫化物、挥发酚、氟化物、有机磷化合物、石油类、铜、锌、氟、硝基苯类、苯胺类等）。

（3）已有废水处理设施的工厂，在处理设施的排放口布设采样点。为了解废水处理效果，可在进出口分别设置采样点。

（4）在排污渠道上，采样点应设在渠道较直、水量稳定、上游无污水汇入的地方。可在水面下 1/4～1/2 处采样，作为代表平均浓度水样采集。

（5）某些二类污染物的监测方法尚不成熟，在总排污口处布点采样，由于监测因子干扰物质多，所以监测的结果会受到影响。这时，应将采样点移至车间排污口，按废水排放量的比例折算成总排污口废水中的浓度。

2.生活污水和医院污水

采样点设在污水总排放口。对于污水处理厂，应在进、出口分别设置采样点采样监测。

3.综合排污口和排污渠道采样点的确定

（1）在一个城市的主要排污口或总排污口设点采样。

（2）在污水处理厂的污水进出口处设点采样。

（3）在污水泵站的进水和安全溢流口处设点采样。

（4）在市政排污管线的入水口处布点采样。

（三）采样时间和采样频次的确定

1.监督性监测

地方环境监测站对污染源的监督性监测每年不少于1次，如被国家或地方环境保护行政主管部门列为年度监测的重点排污单位，则应增加到每年2～4次。因管理或执法的需要进行的抽查性监测或对企业的加密监测由各级环境保护行政主管部门确定。

我国《环境监测技术规范》对向国家直接报送数据的废水排放源的采样时间和采样频次做了如下规定：工业废水每年采样监测2～4次；生活污水每年采样监测2次，春、夏季各1次；医院污水每年采样监测4次，每季度1次。

2.企业自我监测

企业按生产周期和生产特点确定工业废水的监测频率。一般每个生产日至少3次。

为了确认自行监测的采样频次，排污单位应在正常生产条件下的一个生产周期内进行加密监测。周期在8h以内的，每小时采1次样，周期大于8h的，每2h采1次样，但每个生产周期采样次数不少于3次。采样的同时测定流量。根据加密监测结果，绘制污水污染物排放曲线（浓度—时间曲线、流量—时间曲线、总量—时间曲线），并与所掌握资料对照，如基本一致，即可据此确定企业自行监测的采样频次。根据管理需要进行污染源调查性监测时，也按此频次采样。

排污单位如有污水处理设施并能正常运转，使污水能稳定排放，则污染物排放曲线比较平稳，监督监测可以采瞬时样；对于排放曲线有明显变化的不稳定排放污水，要根据曲线情况分时间单元采样，再组成混合样品。正常情况下，混合样品的单元采样不得少于2次。若排放污水的流量、浓度甚至组分都有明显变化，则在各单元采样时的采样量应与当时的污水流量成比例，以使混合样品更有代表性。

另外，对于污染治理、环境科研、污染源调查和评价等工作中的污水监测，其采样频次可以根据工作方案的要求另行确定。

三、地下水监测方案制订

储存在土壤和岩石空隙（孔隙、裂隙、溶隙）中的水被统称为地下水。地下水具有流动缓慢、水质参数相对稳定的基本特征。《地下水环境监测技术规范》（HJ 164—2020）对地下水监测网点布设、采样、样品管理、监测项目和检测方法、实验室分析以及监测数据的处理和质量保证等都做了明确规定。

（一）资料收集和实地调查

1.收集、汇总监测区域的水文、地质、气象等方面的有关资料和以往的监测资料。例如，地质图、剖面图、测绘图、水井的成套参数、含水层、地下水补给、径流和流向以及温度、湿度、降水量等。

2.调查监测区域内城市发展、工业分布、资源开发和土地利用情况，尤其是地下工程规模、应用等；了解化肥和农药的施用面积与施用量；查清污水灌溉、排污和纳污情况以及地表水污染现状。

3.测量或查知水位、水深，以确定采水器和泵的类型以及所需费用和采样程序。

4.在完成以上调查的基础上，确定主要污染源和污染物，并根据地区特点和地下水的主要类型把地下水分成若干水文地质单元。

（二）采样点的设置

在对基础资料、实地测量结果进行综合分析的基础上，综合考虑饮用水地下水源监测要求和监测项目、水质的均一性、水质分析方法、环境标准法规以及人力和物力等因素，布设采样井并确定采样深度。一般布设两类采样井，用于背景值监测和污染监测，必要时可构建合理的采样井监测网络。

1.背景值监测点的设置

背景值监测点应设在污染区的外围不受或少受污染的地方。新开发区应在引入污染源之前设置背景值监测点。

2.监测点布设原则

（1）监测点总体上能反映监测区域内的地下水环境质量状况。

（2）监测点不宜变动，尽可能保持地下水监测数据的连续性。

（3）综合考虑监测井成井方法、当前科技发展和监测技术水平等因素，考虑实际采样的可行性，使地下水监测点布设切实可行。

（4）定期（如每5年）对地下水质监测网的运行状况进行一次调查评价，根据最新情况对地下水质监测网进行优化调整。

3.监测点布设要求

（1）对于面积较大的监测区域，应以地下水流向为主，垂直地下水流向为辅布设监测点；对于同一个水文地质单元，可根据地下水的补给、径流、排泄条件布设控制性监测点。地下水存在多个含水层时，监测井应为层位明确的分层监测井。

（2）地下水饮用水源地的监测点布设以开采层为监测重点；存在多个含水层时，应在与目标含水层存在水力联系的含水层中布设监测点，并将与地下水存在水力联系的地表水纳入监测。

（3）对地下水构成影响较大的区域，如化学品生产企业以及工业集聚区，在地下水污染源的上游、中心、两侧及下游区分别布设监测点；尾矿库、危险废物处置场和垃圾填埋场等区域在地下水污染源的上游、两侧及下游分别布设监测点，以评估地下水的污染状况。污染源位于地下水水源补给区时，可根据实际情况加密地下水监测点。

（4）污染源周边地下水监测以浅层地下水为主，如浅层地下水已被污染且下游存在地下水饮用水源地，需增加主开采层地下水的监测点。

（5）岩溶区监测点的布设重点在于追踪地下暗河出入口和主要含水层，按地下河系统径流网形状和规模布设监测点，在主管道与支管道间的补给、径流区适当布设监测点；在重大或潜在的污染源分布区适当加密地下水监测点。

（6）裂隙发育区的监测点尽量布设在相互连通的裂隙网络上。

（7）可以选用已有的民井和生产井或泉点作为地下水监测点，但须满足地下水监测设计的要求。

4.监测点布设方法

（1）区域监测点布设方法

区域地下水监测点布设参照《区域地下水质监测网设计规范》（DZ/T 0308—2017）相关要求执行。

（2）地下水饮用水源保护区和补给区监测点布设方法

①孔隙水和风化裂隙水

地下水饮用水源保护区和补给区面积小于50km²时，水质监测点不少于7个；

面积为 50~100km² 时，监测点不得少于 10 个；面积大于 100km² 时，每增加 25km²，监测点至少增加 1 个；监测点按网格法布设在饮用水源保护区和补给区内。

②岩溶水

地下水饮用水源保护区和补给区岩溶主管道上水质监测点不少于 3 个，一级支流管道长度大于 2km，布设 2 个监测点，一级支流管道长度小于 2km，布设 1 个监测点。

③构造裂隙水

构造裂隙水参见岩溶水的布点方法。

(3) 污染源地下水监测点布设方法

①孔隙水和风化裂隙水

a.工业污染源

(a) 工业集聚区

对照监测点布设 1 个，设置在工业集聚区地下水流向上游边界处。

污染扩散监测点至少布设 5 个，垂直于地下水流向呈扇形布设不少于 3 个，在集聚区两侧沿地下水流方向各布设 1 个监测点。

工业集聚区内部监测点要求 3~5 个/10km²，若面积大于 100km² 时，每增加 15km²，监测点至少增加 1 个；监测点布设在主要污染源附近的地下水下游，同类型污染源布设 1 个监测点，工业集聚区内监测点布设总数不少于 3 个。

(b) 工业集聚区外工业企业

对照监测点布设 1 个，设置在工业企业地下水流向上游边界处。

污染扩散监测点布设不少于 3 个，地下水下游及两侧的监测点均不得少于 1 个。

工业企业内部监测点要求 1~2 个/10km² 若面积大于 100km² 时，每增加 15km²，监测点至少增加 1 个；监测点布设在存在地下水污染隐患区域。

b.矿山开采区

(a) 采矿区、分选区、冶炼区和尾矿库位于同一个水文地质单元

对照监测点布设 1 个，设置在矿山影响区上游边界。

污染扩散监测点不少于 3 个，地下水下游及两侧的地下水监测点均不得少于 1 个。

尾矿库下游 30~50m 处布设 1 个监测点，以评价尾矿库对地下水的影响。

(b) 采矿区、分选区、冶炼区和尾矿库位于不同水文地质单元

对照监测点布设 2 个，设置在矿山影响区和尾矿库影响区上游边界 30~50m 处。

污染扩散监测点不少于3个，地下水下游及两侧的地下水监测点均不得少于1个。

尾矿库下游30~50m处设置1个监测点，以评价尾矿库对地下水的影响。

采矿区与分选区分别设置1个监测点，以确定其是否对地下水产生影响，如果地下水已污染，应加密布设监测点，以确定地下水的污染范围。

c.加油站

（a）地下水流向清楚时，污染扩散监测点至少1个，设置在地下水下游距离埋地油罐5~30m处。

（b）地下水流向不清楚时，布设3个监测点，呈三角形分布，设置在距离埋地油罐5~30m处。

d.农业污染源

（a）再生水农用区

对照监测点布设1个，设置在再生水农用区地下水流向上游边界。

污染扩散监测点布设不少于6个，再生水农用区两侧各1个，再生水农用区及其下游不少于4个。

面积大于$100km^2$时，监测点不少于20个，且面积以$100km^2$为起点每增加$15km^2$，监测点数量增加1个。

（b）畜禽养殖场和养殖小区

对照监测点布设1个，设置在养殖场和养殖小区地下水流向上游边界。

污染扩散监测点不少于3个，地下水下游及两侧的地下水监测点均不得少于1个。

若养殖场和养殖小区面积大于$1km^2$，在场区内监测点数量增加2个。

e.高尔夫球场

（a）对照监测点布设1个，设置在高尔夫球场地下水流向上游边界处。

（b）污染扩散监测点不少于3个，地下水下游及两侧的地下水监测点均不得少于1个。

（c）高尔夫球场内部监测点不少于1个。

②岩溶水

a.原则上主管道上不得少于3个监测点，根据地下河的分布及流向，在地下河的上、中、下游布设3个监测点，分别作为对照监测点、污染监测点及污染扩散监测点。

b.岩溶发育完善，地下河分布复杂的，根据现场情况增加2~4个监测点，一级支流管道长度大于2km，布设2个点，一级支流管道长度小于2km，布设1个点。

5.环境监测井建设与管理

（1）环境监测井建设

①环境监测井建设要求

a.环境监测井建设应遵循一井一设计、一井一编码、所有监测井统一编码的原则。在充分搜集掌握拟建监测井地区有关资料和现场踏勘的基础上因地制宜、科学设计。

b.监测井建设深度应满足监测目标要求。监测目标层与其他含水层之间须做好止水，监测井滤水管不得越层，监测井不得穿透目标含水层下的隔水层的底板。

c.监测井的结构类型包括单管单层监测井、单管多层监测井、巢式监测井、丛式监测井、连续多通道监测井。

d.监测井建设包括监测井设计、施工、成井、抽水试验等内容，参照《地下水监测建设规范》（DZ/T 0270—2014）相关要求执行。

（a）监测井所采用的构筑材料不应改变地下水的化学成分，即不能干扰监测过程中对地下水中化合物的分析。

（b）施工中应采取安全保障措施，做到清洁生产，文明施工。避免钻井过程污染地下水。

（c）监测井取水位置一般在目标含水层的中部，但当水中含有重质非水相液体时，取水位置应在含水层底部和不透水层的顶部，水中含有轻质非水相液体时，取水位置应在含水层的顶部。

（d）监测井滤水管要求：丰水期需要有1m的滤水管位于水面以上，枯水期需有1m的滤水管位于地下水面以下。

（e）井管的内径要求不小于50mm，以能够满足洗井和取水要求的口径为准。

（f）井管各接头连接时不能用任何黏合剂或涂料，推荐采用螺纹式连接井管。

（g）监测井建设完成后必须进行洗井，保证监测井出水水清沙净。常见的方法包括超量抽水、反冲、汲取及气洗等。

（h）洗井后需进行至少1个落程的定流量抽水试验，抽水稳定时间达到24h以上，待水位恢复后才能采集水样。

②环境监测井井口保护装置要求

a.为保护监测井，应建设监测井井口保护装置，包括井口保护筒、井台或井盖等。监测井保护装置应坚固耐用，不易被破坏。

b.井口保护筒宜使用不锈钢材质，井盖中心部分应采用高密度树脂材料，避免数据无线传输信号被屏蔽；井盖需加异型安全锁；依据井管直径，可采用内径为24～30cm、高为50cm的保护筒，保护筒下部应埋入水泥平台中10cm固定；水泥平台为厚15cm、边长50～100cm的正方形平台，水泥平台四角须磨圆。

c.无条件设置水泥平台的监测井可考虑使用与地面水平的井盖式保护装置。

（2）现有地下水井的筛选

①现有地下水井的筛选要求

地下水监测井的筛选应符合以下要求：

a.选择的监测井井位应在调查监测的区域内，井深特别是井的采水层位应满足监测设计要求。

b.选择井管材料为钢管、不锈钢管、PVC材质的井为宜，监测井的井壁管、滤水管和沉淀管应完好，不得有断裂、错位、蚀洞等现象。选用经常使用的民井和生产井。

c.井的滤水管顶部位置位于多年平均最低水位面以下1m。井内淤积不得超过设计监测层位的滤水管30%，或通过洗井清淤后达到以上要求。

d.井的出水量宜大于0.3L/s。

e.对装有水泵的井，不能选用以油为泵润滑剂的水井。

f.应详细掌握井的结构和抽水设备情况，分析井的结构和抽水设备是否影响所关注的地下水成分。

②现有地下水井的筛选方法

以调查、走访的方式，充分调研、收集监测区域的地质、水文地质资料，收集区域内监测井数量及类型、钻探、成井等资料，初步确定待筛选的监测井。

对初步确定的待筛选监测井进行现场踏勘，获取备选监测井的水位、井深、出水量以及现场的其他有关信息。

（3）环境监测井管理

①环境监测井维护和管理要求

a.对每个监测井建立环境监测井基本情况表，监测井的撤销、变更情况应记入原监测井的基本情况表内，新换监测井应重新建立环境监测井基本情况表。

b.每年应指派专人对监测井的设施进行维护，设施一经损坏，必须及时修复。

c.每年测量监测井井深一次，当监测井内淤积物淤没滤水管，应及时清淤。

d.每2年对监测井进行一次透水灵敏度试验。当向井内注入灌水段1m井管容积的水量，水位复原时间超过15min时，应进行洗井。

e.井口固定点标志和孔口保护帽等发生移位或损坏时，必须及时修复。

②环境监测井报废要求

a.环境监测井报废条件

（a）第一种情况：由于井的结构性变化，造成监测功能丧失的监测井。包括井结构遭到自然（如洪水、地震等）或人为外力（如工程推倒、掩埋等）因素严重破坏，不可修复；井壁管/滤水管有严重歪斜、断裂、穿孔；井壁管/滤水管被异物堵塞，无法清除，并影响到采样器具采样；井壁管/滤水管中的污垢、泥沙淤积，导致井内外水力连通中断，井管内水体无法更新置换；其他无法恢复或修复的井结构性变化。

（b）第二种情况：由于设置不当，造成地下水交叉污染的监测井（如污染源贯穿隔水层造成含水层混合污染的监测井）。

（c）第三种情况：经认定监测功能丧失的监测井（如监测对象不存在、监测任务取消等情况）。

（d）对于第一、第二种情况的监测井，可直接认定需要进行报废；对于第三种情况的监测井，需要经过生态环境主管部门进行井功能评估不可继续使用后，方可报废。

b.环境监测井报废程序

（a）基本资料收集

开始监测井报废操作前应收集一些基本资料，包括监测井地址、管理单位和联系方式，监测井型式及材质，井径及孔径，井深及地下水水位，滤水管长度及开孔区间，监测井结构图，地层剖面图等。

（b）现场踏勘

执行报废操作前应进行现场踏勘，填写环境监测井报废现场踏勘表（参见HJ164-2020附录B表B.5）并存档。

（c）井口保护装置移除

水泥平台式监测井：移除警示柱、水泥平台、井口保护筒及地面上的井管等相关井体外部的保护装置。

井盖式监测井：移除井顶盖及相关井体外部的保护装置。

（d）报废灌浆回填

报废过程中应填写环境监测井报废监理记录表（参见HJ164-2020附录B表B.6）。

对于第一种情况的报废井，可以采用直接灌浆法进行报废。

对于第二、三种情况的报废井，必须先将井管及周围环状滤料封层完全去除，再以灌浆封填方式报废。

封填前应先计算井孔（含扩孔）体积，以估算相关水泥膨润土浆及混凝土砂浆等封填材料的用量。

灌浆期间应避免阻塞或架桥现象出现。

完成灌浆后，应于1周内再次检查封填情况，如发现塌陷，应立即补填，直到符合要求为止。

（e）报废完工

报废完成后应将现场复原，相关污水应妥善收集处理，并填写环境监测井报废完工表（参见 HJ 164—2020 附录 B 表 B.7）。

（f）报废验收

报废完成后向生态环境主管部门提交报废相关材料，申请报废验收。

（三）采样时间和采样频率的确定

1.确定原则

依据具体水文地质条件和地下水监测井使用功能，结合当地污染源、污染物排放实际情况，争取用最低的采样频次，取得最有时间代表性的样品，达到全面反映调查对象的地下水水质状况、污染原因和迁移规律的目的。

2.采样频次和采样时间的确定

不同监测对象的地下水采样频次如表3-18所示，有条件的地方可按当地地下水水质变化情况适当增加采样频次。

表 3-18　不同监测对象的地下水采样频次

监测对象	采样频次
地下水饮用水源取水井	常规指标采样宜不少于每月1次，非常规指标采样宜不少于每年1次
地下水饮用水源保护区和补给区	采样宜不少于每年2次（枯、丰水期各1次）
区域	区域采样频次参照《区域地下水质监测网设计规范》（DZ/T 0308—2017）的相关要求执行
污染源	危险废物处置场采样频次参照《危险废物填埋污染控制标准》（GB 18598—2019）的相关要求执行
	生活垃圾填埋场采样频次参照《生活垃圾填埋场污染控制标准》（GB 16889—2008）的相关要求执行
	一般工业固体废物贮存、处置场地下水采样频次参照《一般工业固体废物贮存、处置场污染控制标准》（GB 18599—2001）的相关要求执行
	其他污染源，对照监测点采样频次宜不少于每年1次，其他监测点采样频次宜不少于每年2次，发现有地下水污染现象时需增加采样频次

四、沉积物监测方案的制订

沉积物是沉积在水体底部的堆积物质的统称，又被称为底质，是矿物、岩石、土壤的自然侵蚀产物，是生物活动及降解有机质等过程的产物。

由于我国部分流域水土流失较为严重，水中的悬浮物和胶态物质往往吸附或包藏一些污染物质，如辽河中游悬浮物中吸附的COD值达水样的70%以上，此外还有许多重金属类污染物。由于沉积物中所含的腐殖质、微生物、泥沙及土壤微孔表面的作用，在底质表面发生一系列的沉淀吸附、释放、化合、分解、配位等物理化学和生物转化作用，对水中污染物的自净、降解、迁移、转化等过程起着重要作用。因此，水体底部沉积物是水环境中的重要组成部分。

（一）采样点位的确定

底质监测断面的设置原则与水质监测断面相同，其位置尽可能和水质监测断面重合，以便于将沉积物的组成及物理化学性质与水质监测情况进行比较。

1.底质采样点应尽量与水质采样点一致。底质采样点位通常在水质采样点位垂线的正下方。当正下方无法采样时，如水浅时，因船体或采泥器冲击搅动底质，或河床为砂卵石时，应另选采样点重采。采样点不能偏移原设置的断面（点）太远。采样后应对偏移位置做好记录。

2.底质采样点应避开河床冲刷、底质沉积不稳定、水草茂盛表层及底质易受搅动之处。

3.湖（水库）底质采样点一般应设在主要河流及污染源排放口与湖（水库）水混合均匀处。

（二）采样时间与采样频率的确定

由于底质比较稳定，受水文、气象条件影响较小，故采样频率远较水样低，一般每年枯水期采样1次，必要时，可在丰水期加采1次。

第三节　水样的采集、保存与预处理

一、水样的采集

保证样品具有代表性，是水质监测数据具有准确性、精密性和可比性的前提。为了得到有代表性的水样，就必须选择合理的采样位置、采样时间和科学的采样技术。对于天然水体，为了采集有代表性的水样，应根据监测目的和现场实际情况选定采集样品的类型和采样方法；对工业废水和生活污水，应根据监测目的、生产工艺、排污规律、污染物的组成和废水流量等因素选定采集样品的类型和采样方法。

（一）地表水样的采集

1.采样前的准备

（1）确定采样负责人

采样负责人主要负责制订监测方案并组织实施。

（2）制订监测方案

采样负责人在制订计划前要充分了解该项监测任务的目的和要求，应了解清楚要采样的监测断面周围情况，并熟悉采样方法、水样容器的洗涤、样品的保存技术。当需要进行现场测定项目和任务时，还应了解有关的现场测定技术。

监测方案应包括确定的采样垂线和采样点位、测定项目和数量、采样质量保证措施、采样时间和路线、采样人员和分工、采样器材和交通工具以及需要进行的现场测定项目和安全保证等。

（3）采样器材与现场测定仪器的准备

采样器材主要是采样器和水样容器。

对已用容器进行洗涤。如新启用容器，则应事先做更充分的清洗。容器应定点、定项。

2.采样方法

（1）采集地表水样

常借助船只、桥梁、索道或涉水等方式，选择合适的采样器采集水样。表层水样可用桶、瓶等盛水容器直接采集。一般将其沉至水面下0.3～0.5m处采集。

（2）采集深层水样

必须借助采样器，可用简易采样器、急流采样器、溶解气体采样器等。

①简易采样器

采集深层水时，可使用带重锤的简易采样器沉入水中采集。将采样容器沉降至所需深度（可从绳上的标度看出），上提细绳打开瓶塞，待水样充满容器后提出。

②急流采样器

对于水流急的河段，宜采用急流采样器。急流采样器是将一根长钢管固定在铁框上，钢管内装一根橡胶管，上部用夹子夹紧，下部与瓶塞上的短玻璃管相连，瓶塞上另有一长玻璃管通至采样瓶底部。采样前塞紧橡胶塞，然后沿船身垂直伸入要求水深处，打开上部橡胶管夹，水样即沿长玻璃管流入样品瓶中，瓶内空气由短玻璃管沿橡胶管排出。由于采集的水样与空气隔绝，这样采集的水样也可用于测定水中溶解性气体。

③溶解气体采样器

溶解气体采样器又被称为双瓶采样器，可采集、测定溶解气体（如溶解氧）的水样。将采样器沉入要求的水深处后，打开上部的橡胶管夹，水样进入小瓶（采样瓶）并将空气驱入大瓶，从连接大瓶短玻璃管的橡胶管处排出，直到大瓶中充满水样，提出水面后迅速密封。

3.常用的采样容器

（1）无色具塞硬质玻璃瓶

玻璃瓶由硼硅酸玻璃制成，其主要成分有二氧化硅（70%～80%）、硼（11%～15%）、铝（2%～4%）。因产品种类不同，有的有微量的砷、锌溶出。玻璃瓶无色透明，便于观察试样及其变化，还可以加热灭菌，但容易破裂，不适合运输。

（2）聚乙烯瓶（或塑料桶）

塑料瓶耐冲击、轻便，但不如玻璃瓶易清洗、检查和校验体积，有吸附磷酸根离子及有机物的倾向，易受有机溶剂的侵蚀，有时会引起藻类繁殖口

（3）特殊成分的试样容器

溶解氧测定需要杜绝气泡，使用能添加封口的溶解氧瓶；油类的测定需要定容采样的广口玻璃瓶；生物及细菌试验需要不透明的非活性玻璃容器。

4.水样的类型

（1）瞬时水样

在某一时间和地点从水体中随机采集的分散水样，适用于水质稳定、组分在相当长的时间或相当大的空间范围内变化不大的水体。当水体组分及含量随时间和空间变化时，应按照一定时间间隔进行多点瞬时采样，并分别进行分析，绘制出浓度一时间关系曲线，计算平均浓度和峰值浓度，掌握水质的变化规律。

（2）混合水样

混合几个单独样品，可减少分析样品，节约时间，降低消耗。

混合水样分为等比例混合水样和等时混合水样。等比例混合水样指在某一时段内，在同一采样点位所采水样量随时间或流量成比例的混合水样；等时混合水样指在某一时段内，在同一采样点位（断面）按等时间间隔所采等体积水样的混合水样。

混合样品提供组分的平均值，因此在样品混合之前，应验证此样品参数的数据，以确保混合后样品数据的准确性°在样品混合时，若其中待测成分或性质发生明显变化，则不能采用混合水样，要采用单样储存方式。

（3）周期水样

在固定时间间隔或在固定排放量间隔下不连续采集的样品称为周期样品。在固定时间间隔下采集周期样品时，时间间隔的大小取决于待测参数。在固定排放量间隔下采集周期样品时，所采集的体积取决于流量。

（4）连续水样

在固定流速或可变流速下采集的连续样品称为连续水样。利用在固定流速下采集的连续样品可测得采样期间存在的全部组分，但不能提供采样期间各参数浓度的变化。在可变流速下采集的流量比例样品代表水的整体质量，即使流量和组分都在变化，流量比例样品也可以揭示利用瞬时样品观察不到的变化。因此，对于流速和待测污染物浓度都有明显变化的流动水，采集流量比例样品是一种较为精确的方法。

（5）综合水样

综合水样指在不同采样点同时采集的各个瞬时水样混合后所得到的水样，也可为特定采样点分别采集的不同深度水样经混合后得到的水样。常需要把代表断面上各采样点或几个废（污）水排放口采集的水样按流量比例混合，获得反映流量比例的综合水样的平均结果。综合水样是获得监测项目平均浓度的重要方式。

5.采样数量

在地表水质监测中通常采集瞬时水样。所需水样量见《水质采样样品的保存和管理技术规定》（HJ493—2009）。此采样量已考虑重复分析和质量控制的需要，并留有余地。

在水样采入或装入容器中后，应立即按《水质采样样品的保存和管理技术规定》（HJ493—2009）的要求加入保存剂。

6.采样注意事项

（1）采样时不可搅动水底的沉积物。

（2）采样时应保证采样点的位置准确。必要时使用定位仪（GPS）定位。

（3）认真填写"水质采样记录表"，用签字笔或硬质铅笔在现场记录，字迹应端正、清晰，保证项目完整。

（4）保证采样按时、准确、安全。

（5）采样结束前，应核对采样计划、记录与水样，如有错误或遗漏，应立即补采或重采。

（6）如采样现场水体很不均匀，无法采到有代表性的样品，则应详细记录不均匀的情况和实际采样情况，供使用该数据者参考，并将此现场情况向环境保护行政主管部门反映。

（7）测定油类的水样，应在水面至水面下300mm处采集柱状水样，并单独采样,全部用于测定,并且采样瓶(容器)不能用采集的水样冲洗。

(8)测溶解氧、生化需氧量和有机污染物等项目时,水样必须注满容器,上部不留空间,并有水封口。

(9)如果水样中含沉降性固体(如泥沙等),则应分离除去。分离方法如下:将所采水样摇匀后倒入筒形玻璃容器(如1~2L量筒),静置30min,将不含沉降性固体但含有悬浮性固体的水样移入盛样容器并加入保存剂。测定水温、pH、DO,电导率、总悬浮物和油类的水样除外。

(10)测定湖库水的COD、高锰酸盐指数、叶绿素a、总氮、总磷时,水样静置30min后,用吸管一次或几次移取水样,吸管进水尖嘴应插至水样表层50mm以下位置,再加保存剂保存。

(11)测定油类、BOD、DO、硫化物、余氯、粪大肠菌群、悬浮物、放射性等项目要单独采样。

7.采样记录

采样后要立即填写标签和采样记录表。

(二)废(污)水样品的采集

废(污)水一般流量较小,都有固定的排污口,所处位置也不复杂,因此所用采样方法和采样器也比较简单。

1.废(污)水样品的类型

(1)瞬时废(污)水样

对于生产工艺连续、稳定的工厂,所排放的废(污)水中污染组分及浓度变化不大时,瞬时废(污)水样具有较好的代表性。对于某些特殊情况,如废(污)水中污染物质的平均浓度合格,而高峰排放浓度超标时,也可以间隔适当时间采集瞬时水样,并分别测定,将结果绘制成浓度一时间关系曲线,以得知高峰排放时污染物质的浓度,同时计算出平均浓度。

(2)平均废(污)水样

平均废(污)水样指平均混合水样或平均比例混合水样。前者指每隔相同时间采集等量废(污)水样混合而成的水样,适于废(污)水流量比较稳定的情况;后者指在废(污)水流量不稳定的情况下,在不同时间依照流量大小按比例采集的混合水样。

(3)单独废(污)水样

单独废(污)水样需要尽快测定,废(污)水的pH、溶解氧、硫化物、细菌学指标、余氯、化学需氧量、油脂类和其他可溶性气体等项目的废(污)水样不宜混合。

2.采样方法

（1）不同行业对污水的监测项目有不同要求，在分时间单元采集样品时，测定 pH、COD、BOD、DO、硫化物、油类、有机物、余氯、粪大肠菌群、悬浮物、放射性等项目的样品不能混合，只能单独采样。

（2）自动采样采用自动采样器或连续自动定时，采样器采集，分为时间比例采样和流量比例采样。当污水排放量较稳定时可采用时间比例采样，否则必须采用流量比例采样。所用的自动采样器必须符合《水质自动采样器技术要求及检测方法》的要求。

（3）实际的采样位置应在采样断面的中心。当水深大于1m时，应在表层下1/4深度处采样；水深小于或等于1m时，在水深的1/2处采样。

3.注意事项

（1）用样品容器直接采样时，必须用水样冲洗3次后再采样；但当水面有浮油时，采油的容器不能冲洗。

（2）采样时应注意除去水面的杂物、垃圾等漂浮物。

（3）用于测定悬浮物、BOD、硫化物、油类、余氯的水样必须单独定容采样，全部用于测定。

（4）使用特殊的专用采样器（如油类采样器）时，应遵循该采样器的使用方法。

4.采样记录

采样时应认真填写"污水采样记录表"，表中应有以下内容：污染源名称、监测目的、监测项目、采样点位、采样时间、样品编号、污水性质、污水流量、采样人姓名及其他有关事项等。具体格式可由各省视情况制定。

5.流量的测量

计算水体污染负荷、判断水体污染是否超过环境容量、评价污染控制效果、掌握污染源排放污染物总量和排水量等，都必须明确相应水体的流量。

（1）地表水流量测量

对于较大的河流，应尽量利用水文监测断面。若监测河段无水文监测断面，应选择一个水文参数比较稳定、流量有代表性的断面作为测量断面。水文测量应按《河流流量测验规范》（GB 50179—2015）进行。河流、明渠流量的测定方法有以下两种。

①流速-面积法

首先将测量断面划分为若干小块，然后测量每一小块的面积和流速并计算出相应的流量，再将各小断面的流量累加，即测量出断面上的水流量，计算公式为

$$Q = S_1\overline{v_1} + S_2\overline{v_2} + \cdots + S_n\overline{v_n} \tag{3-11}$$

式中：Q为水流量，单位为 m^3/s；$\overline{v}_n$ 为各小断面上水平均流速，单位为 m/s；S_n 为各小断面面积，单位为 m^2。

②浮标法

浮标法是一种粗略测量小型河流、沟渠中流速的简易方法。测量时，选择一平直河段，测量该河段2m间距内起点、中点和终点三个水流横断面的面积并求出平均横断面面积。在上游投入浮标，测量浮标流经确定河段（L）所需时间，重复测量几次，求出所需时间的平均值t，即可计算出流速（L/t），再按式（3-12）计算流量：

$$Q = K \cdot \overline{v} \cdot S \qquad (3\text{-}12)$$

式中：$\overline{v}$ 为浮标平均流速，单位为 m/s；S为水流横断面面积，单位为 m^2；K为浮标系数，K与空气阻力、断面上水流分布的均匀性有关，一般需要用流速仪对照标定，其范围为 0.84~0.90。

（2）废水、污水流量测量

①流量计法

流量计法即用流量计直接测定。有多种商品流量计可供选择。流量计法测定流量简便、准确。

②容积法

容积法指将污水导入已知容积的容器或污水池、污水箱中，测量流满容器或池、箱的时间，然后用受纳容器的体积除以时间获得流量。容积法简单易行，测量精度较高，适用于测量污水流量较小的连续或间歇排放的污水。

③溢流堰法

溢流堰法指在固定形状的渠道上，根据污水量大小可选择安装三角堰、矩形堰、梯形堰等特定形状的开口堰板，根据过堰水头与流量的固定关系，测量污水流量。溢流堰法精度较高，在安装液位计后可实行连续自动测量。该方法适用于不规则的污水沟、污水渠中水流量的测量。对任意角。的三角堰装置，流量。计算公式为

$$Q = 0.53K(2g)^{0.5}(\tan\frac{\theta}{2})H^{2.5} \qquad (3\text{-}13)$$

式中，Q为水流量；K为流量系数，约为0.6；θ为堰口夹角；g为重力加速度，取值为 $9.80m/s^2$；H为过堰水头高度，单位为m。当θ=90°时，堰口为直角三角堰，在实际测量中较常应用。

当H=0.002~0.2m时，流量计算公式可以简化为

$$Q\left(\frac{m^3}{s}\right) = 1.41H^{2.5} \qquad (3\text{-}14)$$

此式被称为汤姆逊（Tomson）公式。

利用该法测定流量时，堰板的安装可能会造成一定的水头损失，且固体沉积物在堰前堆积或藻类等物质在堰板上黏附均会影响测量精度。

④量水槽法

在明渠或涵管内安装量水槽，测量其上游水位可以计量污水量，常用的有巴氏槽。与溢流堰法相比，用量水槽法测量流量同样可以获得较高的精度（±2%～±5%），并且可进行连续自动测量。该方法有水头损失小、壅水高度小、底部冲刷力大、不易沉积杂物的优点，但其造价较高，施工要求也较高。

（三）地下水样的采集

1.采样前的准备

（1）确定采样负责人

采样负责人负责制订监测方案并组织实施。采样负责人应了解监测任务的目的和要求，并了解采样监测井周围的情况，熟悉地下水采样方法、采样容器的洗涤和样品保存技术。当有现场监测项目和任务时，还应了解相关的现场监测技术。

（2）制订监测方案

监测方案应包括采样目的、监测井位、监测项目、采样数量、采样时间和路线、采样人员及分工、采样质量保证措施、采样器材和交通工具、需要现场监测的项目、安全保证等。

2.采样器材与现场监测仪器的准备

（1）采样器材

采样器材主要指采样器和贮样容器。采样器与贮样容器要求同地表水采样要求。地下水水质采样器分为自动式地下水水质采样器和人工式地下水水质采样器两类，自动式地下水水质采样器用电动泵进行采样，人工式地下水水质采样器可分为活塞式与隔膜式，可按要求选用。地下水水质采样器应能在监测井中准确定位，并能取到足够量的代表性水样。

（2）现场监测仪器

对于水位、水量、水温、pH、电导率、浑浊度、色、嗅和味等现场监测项目，应在实验室内准备好所需的仪器设备，安全运输到现场，使用前进行检查，确保性能正常.

3.采样方法与要求

（1）地下水水质监测通常采集瞬时水样。

（2）对需要测水位的井水，在采样前应先测地下水位。

（3）从井中采集水样，必须在充分抽汲后进行，抽汲水量不得少于井内水体积的2倍，采样深度应在地下水水面0.5m以下，以保证水样能代表地下水水质。

（4）对于封闭的生产井，可在抽水时从泵房出水管放水阀处采样，采样前应将抽水管中存水放净。

（5）对于自喷的泉水，可在涌口处出水水流的中心采样。采集不自喷泉水时，将停滞在抽水管中的水吸出，新水更替之后，再进行采样。

（6）除五日生化需氧量、有机物和细菌类监测项目外，其他监测项目采样前先用采样水荡洗采样器和水样容器2~3次。

（7）测定溶解氧，五日生化需氧量和挥发性、半挥发性有机污染物项目的水样，采样时水样必须注满容器，上部不留空隙，但准备冷冻保存的样品则不能注满容器，否则冷冻之后，会因水样体积膨胀而使容器破裂，而测定溶解氧的水样采集后应在现场固定，盖好瓶塞后需要用水封口。

（8）测定五日生化需氧量、硫化物、石油类、重金属、细菌类、放射性等项目的水样应分别单独采样。

（9）采集水样后，立即将水样容器瓶盖紧、密封，贴好标签，标签设计可结合各站具体情况，一般应包括监测井号、采样日期和时间、监测项目、采样人等。

（10）用墨水笔在现场填写"地下水采样记录表"，字迹应工整、清晰，各栏内容填写齐全。

（11）采样结束前，应核对监测方案、采样记录与水样，如有错误或漏采，应立即重采或补采。

4.采样记录

地下水采样记录包括采样现场描述和现场测定项目记录两部分，各省可设计全省统一的采样记录表。每个采样人员应认真填写"地下水采样记录表"。

（四）底质样品的采集

1.采样方法

采集表层底质样品一般采用掘式采样器或锥式采样器，研究底质污染物垂直分布时，采用管式采样器。掘式采样器适用于采样量较大的情况，锥式采样器适用于采样量较小的情况，管式采样器适用于采集柱状样品，以保证底质的分层结构不变。若水域水深小于3.0m，可将竹竿粗的一端削成尖头斜面，插入床底采样。当水深小于0.6m，可用长柄塑料勺直接采集表层底质。

2.采样量及采样容器

底质采样量视监测项目和目的而定，通常为1~2kg，当样品不易采集或测定项目较少时，可予以酌减。一次的采样量不够时，可在周围采集多次，并将样品混匀。样品中的砾石、贝壳、动植物残体等杂物应予以剔除。在较深水域一般常用掘式采泥器采样。在浅水区或干涸河段用塑料勺或金属铲等即可采样。把样品中的水分尽量沥干后,用塑料袋包装或用玻璃瓶盛装。供测定有机物的样品用金属器具采样,置于棕色磨口玻璃瓶中。瓶口不要玷污,以保证磨口塞能塞紧。

采样时底质一般应装满抓斗。采样器向上提升时,如发现样品流失过多,则必须重采。

3.采样记录及样品交接

样品采集后要及时将样品编号,贴上标签,并将底质的外观性状,如泥质状态、颜色、嗅味、生物现象等情况,填入采样记录表。采集的样品和采样记录表运回后一并交实验室,并办理交接手续。

二、水样的运输和保存

(一)水样运输

水样被采集后需要送至实验室进行测定,从采样点到实验室的运输过程中,物理、化学和生物的作用会使水样性质发生变化。因此,有些项目必须在采样现场测定,尽可能缩短运输时间,尽快分析测定。在运输过程中,特别需要注意以下几点。

1.防止运输过程中样品溅出或震荡损失,盛水容器应塞紧塞子,必要时用封口胶、石蜡封口(测定油类的水样不能用石蜡封口);样品瓶打包装箱,并用泡沫塑料或纸条挤紧减震。

2.需要冷藏、冷冻的样品,须配备专用的冷藏、冷冻箱或车运输;条件不具备时,可采用隔热容器,并放入制冷剂,以达到冷藏、冷冻的要求。

3.冬季应采取保温措施,以免样品瓶冻裂。

(二)水样保存方法

采集水样后,可在现场监测的项目要求在现场测定,如水中溶解氧、温度、电导率、pH等。但由于各种条件所限(如仪器、场地等),大多数监测项目需要将水样及时送往实验室测定。有时因人力、时间不足,水样还需要在实验室内存放一段时间后才能分析。为降低水样中待测成分的变化程度或减缓变化的速率,应采取适宜的保护措施,延长水样的保质期。可采取的保护措施如下。

1.冷藏或冷冻保存法

低温能抑制微生物的活动,减缓物理挥发和化学反应速率。

2.加入化学试剂保存法

在水样中加入合适的保存试剂,能够抑制微生物活动,减缓氧化还原反应速率。化学试剂可以在采样后立即加入,也可以在水样分样时分瓶分别加入。

（1）加入生物抑制剂

在水样中加入适量的生物抑制剂可以抑制微生物作用。例如，对于测定苯酚的水样，用 H_3PO_4 将水样的 pH 调节为 4，并加入适量 CuSO4，可抑制苯酚菌的分解活动。

（2）调节 pH

加入酸或碱调节水样的 pH，可使一些处于不稳定态的待测组分转变成稳定态。如测定水样中的金属离子，常加酸调节水样 pH≤2，防止金属离子水解沉淀或被容器壁吸附。测定氟化物的水样用 NaOH 调节 pH≥11，使其生成稳定的钠盐。

（3）加入氧化剂或还原剂

在水样中该类试剂可以阻止或减缓某些组分发生氧化还原反应。如在水样中加入抗坏血酸可防止硫化物被氧化；在测定溶解氧的水样中加入少量硫酸锰和碘化钾试剂可改变 O_2 的存在形态，使其不易逸失。

值得注意的是，在水样中加入任何试剂都不应给后续的分析测试工作带来影响。加入的保存试剂最好是优级纯试剂，当添加试剂相互有干扰时，建议采用分瓶采样、分别加入保存剂的方法保存水样。

3.过滤与离心分离

水样混浊也会影响分析结果，还会加速水质的变化。如果测定溶解态组分，采样后应用 0.45μm 微孔滤膜过滤，除去藻类和细菌等悬浮物，提高水样的稳定性。如果测定不可过滤的金属，则应保留滤膜备用。如果测定水样中某组分的总含量，采样后直接加入保存剂保存，分析时充分摇匀后再取样。

4.水样的保存期

原则上采样后应尽快分析。水样的有效保存期的长短取决于待测组分的性质、待测组分的浓度和水样的清洁程度等因素。稳定性好的组分，如 F^-、Cl^-、SO_4^{2-}、Na^+、K^+、Ca^{2+}、Mg^{2+} 等，保存期较长；稳定性差的组分，保存期短，甚至不能保存，采样后应立即测定。一般待测物质的浓度越低，保存时间越短。水样的清洁程度也是决定保存期长短的一个因素，一般清洁水样保存时间不超过72h，轻度污染水样不超过48h，严重污染水样不超过12h。

由于天然水体、废水（或污水）样品成分不同和采样地点不同，同样的保存条件难以保证对不同类型样品中待测组分都是适用的，迄今为止还没有找到适用于一切场合和情况的绝对保存准则。综上所述，保存方法应与使用的分析技术相匹配，应用时应结合具体工作检验保存方法的适用性。

三、水样的预处理

水样的预处理是环境监测中一项重要的常规工作，其目的是去除组分复杂的共存干扰成分，将含量低、形态各异的组分处理成适合监测的含量及形态。常用的水样预处理方法有消解、富集和分离等方法。

（一）水样的清解

水样的消解是将样品与酸、氧化剂、催化剂等共同置于回流装置或密闭装置中，通过加热分解并破坏有机物的一种方法。金属化合物测定前多采用此方法进行预处理。预处理的目的一是排除有机物和悬浮物的干扰，二是将金属化合物转变成简单稳定的形态，同时通过消解还可达到浓缩目的。消解后的水样应清澈、透明、无沉淀。

1.湿式消解法

（1）硝酸消解法，适用于较清洁的水样。

（2）硝酸-高氯酸消解法，适用于含有机物、悬浮物较多的水样。

（3）硫酸-高锰酸钾消解法，常用于消解测定汞的水样。

（4）硝酸-硫酸消解法，不适用于处理测定易生成难溶硫酸盐组分（如铅、钡、锶）的水样。

（5）硫酸-磷酸消解法，适用于消除 Fe^{3+} 等离子干扰的水样，因硫酸和磷酸的沸点都比较高，硫酸氧化性较强，磷酸能与一些金属离子络合。

（6）多元消解方法：为提升消解效果，在某些情况下需要采用三元及以上酸或氧化剂消解体系。例如，处理测量总铬含量的水样时，采用硫酸-磷酸-高锰酸钾三元消解体系。

（7）碱分解法：当用酸体系消解水样会造成易挥发组分损失时，可用碱分解法。

2.干灰化法

干灰化法又被称为干式分解法或高温分解法，多用于底泥、沉积物等固态样品的消解，但不适用于处理测定含易挥发组分（如砷、汞、镉、硒、锡等）的水样。

3.微波消解法

微波消解是将高压消解和微波快速加热相结合的一项消解新技术。其原理是以水样和消解酸的混合液为发热体，从内部对样品进行激烈搅拌、充分混合和加热。该技术可显著提升样品的分解速率，缩短消解时间，提高消解效率。在微波消解过程中，水样处于密闭容器中，避免了待测元素的损失和可能造成的污染。在我国发布的《水质金属总量的消解微波消解法》（HJ 678—2013）中，消解步骤分为三步：

（1）取25mL水样于消解罐中，先加入适量过氧化氢，再根据待测元素加入适量消解液1（5mL浓硝酸）或消解液2（4mL浓硝酸、1mL浓盐酸混合液），置于通风橱中观察溶液，待氧化反应平稳后加盖旋紧。

（2）将消解罐放在微波消解仪中，按推荐的升温程序（10min升温至180℃并保持15min）进行消解。

（3）微波程序运行结束后，将消解罐取出并置于通风橱内冷却至室温，放气开盖，转移消解液至50mL容量瓶中，定容备用。

（二）水样的富集和分离

当水样中待测组分含量低于分析方法的检测限时，就必须进行富集或浓缩；当有共存干扰组分时，就必须采取分离或掩蔽措施。富集和分离往往是不可分割、同时进行的。常用的方法有过滤、挥发、蒸馏、溶剂萃取、离子交换、吸附、共沉淀、色谱分离、低温浓缩等。下面重点介绍挥发分离法、蒸馏法、溶剂萃取、离子交换法、共沉淀法。

1.挥发分离法

挥发分离法是一种利用某些污染组分易挥发的特点，用惰性气体将其带出而达到分离目的的方法。例如，用冷原子荧光法测定水样中的汞时，先将汞离子用氯化亚锡还原为原子态汞，再利用汞易挥发的性质，通过惰性气体将其带出并送入仪器测定；用分光光度法测定水中的硫化物时，先使其在磷酸介质中生成硫化氢，再用惰性气体载入乙酸锌-乙酸钠溶液中吸收，从而达到与母液分离的目的。

2.蒸馏法

蒸馏法是一种利用水样中各组分具有不同的沸点的特点使其彼此分离的方法。测定水样中的挥发酚、氰化物、氟化物、氨氮时，均需在酸性（或碱性）介质中进行预蒸馏分离。蒸馏具有消解、富集和分离三种作用。

3.溶剂萃取

溶剂萃取是一种根据物质在不同的溶剂中分配系数不同的特点分离与富集组分的方法，常用于水中有机化合物的预处理。根据相似相溶原理，用一种与水不相溶的有机溶剂与水样混合振荡，然后放置分层，此时有一种或几种组分进入有机溶剂中，另一些组分仍留在水中，从而达到分离、富集的目的。该方法常用于常量组分的分离及痕量组分的分离与富集。若萃取组分是有色化合物，该方法可直接用于测定吸光度。

4.离子交换法

该方法是一种利用离子交换剂与溶液中的离子发生交换反应进行分离的方法。离子交换剂分为无机离子交换剂和有机离子交换剂，其中有机离子交换剂应用广泛，也被称为离子交换树脂。离子交换树脂一般为可渗透的三维网状高分子聚合物，在网状结构的骨架上含有可电离的或可被交换的阳离子或阴离子活性基团，可与水样中的离子发生交换反应。强酸性阳离子交换树脂含有活性基团—SO_3H、—SO_3Na 等，一般用于富集金属阳离子。强碱性阴离子交换树脂含有—$N(CH_3)_3^+X^-$ 基团，其中 X^- 为 OH^-、Cl^-、NO_3^- 等，能在酸性、碱性和中性溶液中与强酸或弱酸阴离子交换。离子交换技术在富集和分离微量或痕量元素方面有较广泛的应用。

5.共沉淀法

共沉淀是指溶液中两种难溶化合物在形成沉淀的过程中，将共存的某些痕量组分一起载带沉淀出来的现象。共沉淀法主要基于表面吸附、形成混晶、异电核胶态物质相互作用及包藏等原理。

（1）利用吸附作用的共沉淀分离

该方法常用的无机载体有 $Fe(OH)_3$、$Al(OH)_3$、$Mn(OH)_2$ 及硫化物等。例如，分离含铜溶液中的微量铝，加氨水不能使铝以 $Al(OH)_3$ 沉淀析出，若加入适量 Fe^{3+} 和氨水，则利用生成的 $Fe(OH)_3$ 沉淀作载体，吸附 $Al(OH)_3$ 转入沉淀，达到与溶液中的 $Cu(NH_3)_4^{2+}$ 分离的目的。用分光光度法测定水样中的 $Cr(Ⅵ)$ 时，当水样有色、混浊、Fe^{3+} 含量低于 200mg/L 时，可于 pH 为 8~9 的条件下用 $Zn(OH)_2$ 作共沉淀剂吸附分离干扰物质。

（2）利用生成混晶的共沉淀分离

当欲分离微量组分及沉淀剂组分生成沉淀时，若具有相似的晶格，就可能生成混晶而共同析出。例如，$PbSO_4$ 和 $SrSO_4$ 的晶形相同，如分离水样中的痕量 Pb^{2+}，可加入适量 Sr^{2+} 和过量可溶性硫酸盐，则生成 $PbSO_4-SrSO_4$ 的混晶，从而将 Pb^{2+} 共沉淀出来。

（3）利用有机共沉淀剂进行共沉淀分离

有机共沉淀剂的选择性较无机沉淀剂多，得到的沉淀较纯净，并且通过灼烧可除去有机共沉淀剂。例如，在含痕量 Zn^{2+} 的弱酸性溶液中，加入 NH_4SCN 和甲基紫，甲基紫在溶液中电离成带正电荷的阳离子 B^+，它们之间发生如下的共沉淀反应：

$Zn^{2+}+4SCN^-=Zn(SCN)_4^{2-}$

$2B^++Zn(SCN)_4^{2-}=B_2Zn(SCN)_4$（形成缔合物）

$B^++SCN^-=BSCN$（形成载体）

$B_2Zn(SCN)_4$ 与 BSCN 发生共沉淀，将痕量 Zn^{2+} 富集于沉淀中。

第四章　水环境污染的水质生物监测

第一节　水环境污染的生物监测

一、水环境生物监测基础

包括水环境生物监测在内的环境生物监测对环境保护具有非常重要的意义，是环境管理的重要技术支撑。

（一）什么是环境生物监测

生物监测是一个被广泛使用的词汇，在不同的领域、不同的行业有不同的含义和应用。例如，除环境生物监测外，还有劳动卫生人体生物监测、口岸及医学病媒生物监测、林业有害生物监测、灭菌器生物监测等。即使是环境生物监测，不同的国家、不同的学者也有不同的定义，以下是一些教科书的定义。

定义1：利用生物的组分、个体、种群或群落对环境污染或环境变化产生的反应，从生物学的角度，为环境质量的监测和评价提供依据，该过程被称为生物监测。

定义2：生物监测是一门系统地利用生物反应评价环境的变化，将其信息应用于环境质量控制程序中的科学。

1.美国国家环境保护局对生物监测的定义

定义1：生物监测利用生物测试污水对受纳水体的排放是否可以接受并对排放点下游的水体质量进行生物学质量的测试。

定义2：生物监测利用生物实体作为探测器，通过其对环境的响应来判定环境的状况，毒性试验及环境生物监测是常用的生物监测方法。

定义3：生物监测是为了检测人体中化学品暴露水平，对血液、尿液、组织等生物材料进行的分析测试。

2.维基百科对水环境生物监测的定义

水环境生物监测是一门通过检测被检环境中生存的生物来判定河流、湖泊、溪流及湿地的生态状况的科学。水环境生物监测是最常见的生物监测形式，任何生态系统都可用这样的方式进行研究。

生物监测通常采取两种方法。

（1）生物检测，将受试生物暴露于环境中，观察其是否有变化，甚至死亡。用于生物检测的典型生物有鱼、蛙等。

（2）群落评价，也被称为生物监视，对整个生物群落进行采样，观察有哪些生物类群生存其中。在水生态系统中，这些评价常关注无脊椎动物、藻类、高等水生植物、鱼类及两栖类动物等，很少应用于其他脊椎动物（爬行类、鸟类及哺乳类）。

根据我国环境监测系统生物监测的实际情况，从实用的角度对生物监测进行如下定义：生物监测是以生物为对象（如水体中细菌总数、底栖动物等）或手段（如用PCR技术测藻毒素、用生物发光技术测二噁英等）进行的环境监测。

（二）作为保护对象和作为污染因素的生物

生物作为环境监测的对象时，可以有双重身份，可以是环境保护的对象，也可以是环境管理控制的污染及外来干扰因素。

生物作为保护对象时，环境生物监测就是要搞清环境中生物对各种环境胁迫的响应是怎样的，这是环境生物监测的核心内容。

生物作为污染或干扰因素时，环境生物监测就是要搞清它们的强度和对环境的负面影响，主要有以下几种类型：

1.对病原体及其指示生物的监测，属原生生物污染监测。

2.对外来生物的监测，属原生生物污染监测。

3.对富营养化生物（藻类等）的监测，属次生生物污染监测。

（三）环境胁迫与生物响应

环境胁迫的生物响应是环境生物监测的核心内容，因此研究环境生物监测必须搞清环境胁迫和生物响应两个方面的内容。

环境胁迫是指使生态系统发生变化、产生反应或功能失调的外力、外因或外部刺激。环境胁迫可分为正向胁迫和逆向胁迫，正向胁迫并不影响生态系统的生存力和可持续力。这种胁迫重复发生，已经成为自然过程的组成部分，许多生态系统依此而维持，如草原上的火烧、潮间带的海浪冲刷等。然而在更为一般的意义上，环境胁迫通常指给生态系统造成负面效应（退化和转化）的逆向胁迫，主要有以下几种：

1.水生生物等可更新资源的开采（直接影响生态系统中的生物量）。

2.污染物排放（发生在人类生产生活活动中），如污水、PCB、杀虫剂、重金属、石油及放射性污染物质的排放，包括点源污染、面源污染等，是环境生物监测重点关注的胁迫因素。

3.人为的物理重建（有目的地改变土地利用类型），如森林–农田、低地–城市、山谷–人工湖、湿地挤占、河道裁弯取直、水利设施建设等。

4.外来物种的引入、病原体的污染等生物胁迫因素。

5.偶然发生的自然或社会事件，如洪水、地震、火山喷发、战争等。

环境胁迫在生命系统组建的各个层次（包括酶–基因等生物大分子、细胞器、细胞、组织、器官、个体、种群、群落、生态系统、景观等微观到宏观的各个层次）上都会有相应的响应。其响应的敏感性随着生命系统组建层次从宏观到微观不断增强，响应的速度不断加快（时间不断减少），而生态关联性在减弱。因此，短期预警及应急监测敏感指标的开发和筛选可在个体水平以下进行，中长期生态预警指标则更适合在种群以上水平筛选。物种是生命存在的基本形式，兼顾生态关联性及响应敏感性，传统生物毒性检测定位在种群水平、生物监视主要定位在群落水平上是必须的，这是环境生物监测的基础。

（四）水环境生物监测的内容

按实际工作情况，水环境生物监测的内容主要包括以下4个方面：

1.水生生物群落监测，主要包括大型底栖无脊椎动物、浮游植物、浮游动物、着生生物、鱼类、高等水生维管束植物甚至微生物群落的监测。

2.生态毒理及环境毒理监测，前者以水生生物为受试生物，后者以大小鼠及家兔等哺乳动物为受试生物。

3.微生物卫生学监测。

4.生物残毒及生物标志物监测。

水环境生物监测是以生态学、毒理学、卫生学为学科基础，广泛吸收和借鉴现代生物技术的一项应用性技术。

水环境生物监测的监测指标包括结构性指标（如叶绿素a测定）和功能性指标（如光合效率测定）。

从研究方法上看，水环境生物监测包括被动生物监测和主动生物监测，前者是指对环境中某一区域的生物进行直接的调整和分析，后者是指在清洁地区对监测生物进行标准化培育后，再放置到各监测点上，克服了被动监测中的问题，易于规范化，可比性强，监测结果可靠。实际上，这反映了观测科学与实验科学的区别。类似地，人工基质采样、微宇宙试验等都具有主动监测的特性。

（五）生物监测的特点及其在环境监测中的地位

生物监测具有直观性、综合性、累积性、先导性的特点，同时具有区域性、定量-半定量的特点，是环境监测的重要组成部分。

生物指标是响应指标，水化学指标是胁迫指标，因此生物监测和理化监测同等重要，不应对立分割，是一个事物的两个方面，是两条都不能缺少的"腿"。

生物监测与化学、物理监测三位一体，全面反映环境质量，服务环境管理。生物监测要重点着眼于其独有的综合毒性和生物完整性指标。

过去有人认为生物指标是理化指标的补充和佐证。这种观点是片面的，需要重新认识和定位。

水环境生物监测在环境质量监测、污染源监测、应急监测、预警监测、专项调查监测等环境监测的各个方面都具有广阔的应用前景。

二、水环境污染的生物监测原理

水环境中存在的各类水生生物之间及水生生物与其生存环境之间既互相依存，又互相制约。水体污染使水环境发生变化时，水生生物会产生不同的反应。根据这一原理，我们可以用水生生物来判断水体污染的类型、程度。

在水环境生物监测中，布设监测断面和采样点前，首先要对监测区域的自然环境和社会环境进行调查研究，选取的断面要有代表性，尽可能与化学监测断面一致，同时要考虑水环境的整体性、监测工作的连续性和经济性等原则。对于河流，应根据其流经区域的长度，一般设上游（对照）、中游（污染）、下游（观察）三个断面，采样点的数量根据水面宽度、水深、生物分布特点确定。湖泊、水库的断面一般布设在入湖（库）区、中心区、出口区、最深水区、清洁区等处。

我国的水环境生物监测技术规范中对采样断面布设原则和方法、监测方法都做了详细规定，对河流、湖泊、水库等淡水环境的生物监测项目及频率等的要求如表4-1所示。

表4-1　河流、湖泊、水库淡水环境的生物监测项目及频率

项目		适用范围	监测频率
名称	必（选）测		
浮游植物	必测	湖泊、水库	每年不少于两次
	选测	河流	每年不少于两次
浮游动物	选测	河流、湖泊、水库	每年不少于两次

续表

项目		适用范围	监测频率
名称	必（选）测		
着生生物	必测	河流	每年不少于两次
	选测	湖泊、水库	每年不少于两次
底栖动物	必测	河流、湖泊、水库	每年不少于两次
水生维管束植物	选测	河流、湖泊、水库	每年不少于两次
叶绿素a测定	必测	湖泊、水库	每年不少于两次
	选测	河流	每年不少于两次
黑白瓶测氧	选测	湖泊、水库	每年不少于两次
残毒	部分必测①	河流、湖泊、水库、池塘等	参照《地表水和污水监测技术规范》（HJ/T 91—2002）执行
细菌总数	必测	饮用水、水源水、地表水、废水	参照《地表水和污水监测技术规范》（HJ/T 91—2002）执行
总大肠菌群	必测	饮用水、水源水、地表水、废水	参照《地表水和污水监测技术规范》（HJ/T 91—2002）执行
粪大肠菌群	选测	饮用水、水源水、地表水、废水	参照《地表水和污水监测技术规范》（HJ/T 91—2002）执行
沙门菌	选测	饮用水、水源水、地表水、废水	参照《地表水和污水监测技术规范》（HJ/T 91—2002）执行
粪链球菌	选测	饮用水、水源水、地表水、废水	参照《地表水和污水监测技术规范》（HJ/T 91—2002）执行
鱼类、蚤类、藻类毒性试验	选测	污染源	根据污染源监测需要确定
Ames试验	选测	污染源	根据污染源监测需要确定
紫露草微核技术	选测	污染源	根据污染源监测需要确定
蚕豆根尖微核技术	选测	污染源	根据污染源监测需要确定
鱼类SCE技术	选测	污染源	根据污染源监测需要确定

注：①根据本地区水环境特征确定必测项目。

监测研究水体污染状况的方法有生物群落法、细菌学检验法、残毒测定法、急性毒性试验等。

第二节　污水的生物处理系统研究

在水体污染物中，最普遍、含量最多、危害最为严重的一类是有机污染物。

去除溶解性有机物最经济、最有效的方法是生物化学处理法，简称生物法。生物法主要依靠水中微生物的新陈代谢作用，将污水中的有机物转化为自身细胞物质和简单化合物，使其稳定无害化，从而使水质得到净化。

一、微生物的生长环境

废水生物处理的主体是微生物。只有创造良好的环境条件，让微生物大量繁殖，才能获得令人满意的废水生物处理效果。影响微生物生长的条件主要有营养、温度、pH、溶解氧及有毒物质等。

（1）营养

营养是微生物生长的物质基础，生命活动所需的能量和物质来自营养。微生物细胞的组成（不包括 H_2O 和无机物）可用化学式 $C_5H_7O_2N$ 或 $C_{60}H_{87}O_{23}N_{12}P$ 表示。不同微生物细胞的组成不尽相同，对碳氮磷比的要求也不完全相同。好氧微生物要求碳氮磷比为 $BOD_5 : N : P = 100 : 5 : 1$ ［或 $COD : N : P = (200 \sim 300) : 5 : 1$］。厌氧微生物要求碳氮磷比为 $BOD_5 : N : P = 100 : 6 : 10$ 其中，N 以 $NII_3\text{-}N$ 计，P 以 $PO_4^{3-}\text{-}P$ 计。微生物种类繁多，所需 C、N、P 的化学形式也不相同，如异养菌以有机化合物为碳源，而自养菌以 CO_2 和 HCO_3^- 为碳源。

几乎所有的有机物都是微生物的营养源。要达到预期的净化效果，控制合适的碳氮磷比十分重要。微生物除需要 C、H、O、N、P 外，还需要 S、Mg、Fe、Ca、K 等元素以及 Mn、Zn、Co、Ni、Cu、Mo、V、I、Br、B 等微量元素。

（二）温度

微生物的种类不同，所需生长温度也不同，各种微生物适应的总体温度范围是 $0 \sim 80$℃。根据适应的温度范围，微生物可分为低温性（好冷性）、中温性和高温性（好热性）三类。低温性微生物的生长温度为 20℃以下，中温性微生物的生长温度为 $20 \sim 45$℃，高温性微生物的生长温度为 45℃以上。好氧生物处理以中温为主，微生物的最适生长温度为 $20 \sim 37$℃厌氧生物处理时，中温性微生物的最适生长温度为 $25 \sim 40$℃，高温性微生物的最适生长温度为 $50 \sim 60$℃。因此，厌氧微生物处理常利用 $33 \sim 38$℃和 $52 \sim 57$℃两个温度段，分别称为中温消化（发酵）和高温消化（发酵）。随着科学技术的发展，厌氧反应已能在 $20 \sim 25$℃的常温下进行，这就大大降低了运行费用。

在适宜的温度范围内，每升高 10℃，生化反应速度就提高 $1 \sim 2$ 倍。所以，在最适温度条件下，生物处理效果较好。人为改变污水温度将增加处理成本，所以好氧生物处理一般在自然温度下进行，即在常温下进行。好氧生物处理效果受气候的影响较小，厌氧生物处理受温度影响较大，需要保持较高的温度，但考虑到运行成本，应尽量在常温下运行（20～25℃）。如果原污水的温度较高，应采用中温发酵（33～38℃）或高温发酵（52～57℃）。如果有足够的余热或发酵过程中产生足够的沼气（高浓度有机污水和污泥消化），则可以利用余热或沼气的热能实现中温发酵和高温发酵。一般情况下，一日内温度的波动不宜超过±5℃。所以，在生物处理时要控制适宜的水温并保持稳定。

（三）pH

酶是一种两性电解质，pH的变化影响酶的电离形式，进而影响酶的催化性能，所以pH是影响酶活性的重要因素之一。不同的微生物具有不同的酶系统，所以有不同的pH适应范围。细菌、放线菌、藻类和原生动物的pH适应范围是4～10。酵母菌和霉菌的最适pH为3.0～6.0。大多数细菌适宜的pH为6.5～8.5。好氧生物处理的适宜pH为6.5～8.5，厌氧生物处理的适宜pH为6.7～7.4（最佳pH为6.7～7.2）。在生物处理过程中保持最适pH范围非常重要，否则微生物酶的活性会降低或丧失，微生物生长缓慢甚至死亡，导致处理失败。

进水pH值的突然变化会对生物处理产生很大的影响，这种影响不可逆转，所以保持pH值的稳定非常重要。

（四）溶解氧

好氧微生物的代谢过程以分子氧为受体，并参与部分物质的合成。没有分子氧，好氧微生物就不能生长繁殖，因此进行好氧生物处理时，要保持一定浓度的溶解氧（DO）。供氧不足，适合在低溶解氧条件下生长的微生物（微量好氧的发硫菌）和兼性好氧微生物大量繁殖。它们分解有机物不彻底，处理效果下降，且低溶解氧状态下丝状菌优势生长，引起污泥膨胀。溶解氧浓度过高，不仅浪费能量，还会因营养相对缺乏而使细胞氧化和死亡。为取得良好的处理效果，好氧生物处理时应控制溶解氧在2～3mg/L（二沉池出水0.5～1mg/L）为宜。

厌氧微生物在有氧的条件下生成但没有分解H_2O_2的酶而被H_2O_2杀死。所以，在厌氧生物处理反应器中不能有分子氧存在。其他氧化态物质（如SO_4^{2-}、NO_3^-、PO_4^{3-}和Fe^{3+}等）也会对厌氧生物处理产生不良影响。也应控制它们的浓度。

（五）有毒物质

对微生物有抑制和毒害作用的化学物质被称为有毒物质，它能破坏细胞的结构，使酶变性而失去活性。比如，重金属能与酶的-SH基团结合，或与蛋白质结合，使其变性或沉淀。有毒物质在低浓度时对微生物无害，超过某一数值则产生毒害。某些有毒物质在低浓度时可以成为微生物的营养.有毒物质的毒性受pH、温度和有无其他有毒物质存在等因素的影响，在不同条件下毒性相差很大，不同的微生物对同一毒物的耐受能力也不同，具体情况应根据实验而定。

在废水生物处理过程中，应严格控制有毒物质浓度，但有毒物质浓度的允许范围尚无统一的标准，表4-2的数据仅供参考。

表4-2　废水生物处理有毒物质允许浓度

毒物名称	允许浓度/ (mg·L^{-1})	毒物名称	允许浓度/ (mg·L^{-1})
亚砷酸盐	5	CN	5 ~ 20
砷酸盐	20	氟化钾	8 ~ 9
铅	1	硫酸根	5000
镉	1 ~ 5	硝酸根	5000
三价铬	10	苯	100
六价铬	2 ~ 5	酚	100
铜	5 ~ 10	氯苯	100
锌	5 ~ 20	甲醛	100 ~ 150
铁	100	甲醇	200
硫化物 (以S计)	10 ~ 30	吡啶	400
氯化钠	10000	油脂	30 ~ 50
氨	100 ~ 1000	乙酸根	100 ~ 150
游离氯	0.1 ~ 1	丙酮	9000

二、污水可生化性

污水可生化性指污水中污染物被微生物降解的难易程度，即污水生物处理的难易程度。污水可生化性取决于污水的水质，即污水所含污染物的性质。若污水的营养比例适宜，污染物易被生物降解，有毒物质含量低，则污水可生化性强。适于微生物生长的污水可生化性强，不适于微生物生长的污水可生化性差。

（一）污水可生化性评价方法

污水可生化性常用BOD$_5$或COD的比值来评价。五日生化需氧量BOD$_5$粗略代表可生物降解的还原性物质的含量（主要是有机物），化学需氧量COD粗略代表还原性物质（主要为有机物）的总量。由$\dfrac{BOD_5}{COD} = \dfrac{1}{m}\dfrac{COD_B}{COD}$（COD$_B$为可生物降解的还原性物质含量）知，$\dfrac{BOD_5}{COD}$为还原性物质中可生物降解部分所占的比例（COD$_B$/COD）与生物降解速度（1/m）的乘积，能粗略代表还原性物质可生物降解的程度和速度，即污水可生化性。一般情况下，BOD$_5$/COD值越大，污水可生化性越强，具体评价标准如表4-3所示。

表4-3　污水可生化性评价标准

BOD$_5$/COD	<0.3	0.3 ~ 0.45	>0.45
可生化性	难生化	可生化	易生化

（二）污水可生化性评价中的注意事项

BOD$_5$/COD 只能近似代表污水可生化性，用 BOD$_5$/COD 评价污水可生化性时应考虑以下方面的影响。

1.固体有机物

有些固体有机物可在 COD 测定中被重铬酸钾氧化，以 COD 的形式表现出来，但在测定 BOD$_5$ 时对 BOD$_5$ 的贡献很小，不能以 BOD$_5$ 的形式表现出来，致使此时虽然污水的 BOD$_5$/COD 小，但生物处理的效果却不差。

2.无机还原性物质

污水中的无机还原性物质在 BOD$_5$ 和 COD 的测定中也消耗溶解氧，同一种无机还原性物质在两种测定中消耗的溶解氧量不同，指示 BOD$_5$/COD 降低，但此时污水可生化性不一定差。

3.特殊有机物

有些有机物比较特殊，部分能被微生物氧化，却不能被 K$_2$Cr$_2$O$_7$ 氧化。虽然 BOD$_5$/COD 大，但实际上污水可生化性较差。

4.BOD$_5$/TOD

TOD 比 COD 更能准确代表污水中有机物的含量，用 BOD$_5$/TOD 评价污水可生化性更加准确。

5.接种微生物的驯化

在测定 BOD$_5$ 时是否采用经过驯化的菌种，对测定结果影响很大。采用未经驯化的微生物接种，测得的结果偏低，采用经过驯化的微生物接种，测得的结果更加符合处理设施的实际运行情况。接种未经驯化的微生物测得的 BOD$_5$/COD 偏低，由此推断污水可生化性较差是不符合实际情况的。因此，在测定 BOD$_5$ 时，必须接入驯化菌种。

6.水样稀释

测定 BOD$_5$ 时，往往需要对原污水加以稀释，因为浓度不同，有毒物质毒性不同，所以不同的稀释比对测定结果影响很大。高浓度的合成有机物、无机盐、重金属、硫化物和 SO$_4^{2-}$ 等对微生物有毒害作用，可抑制微生物的生长，此时污水可生化性较差。如果在测定这种污水的 BOD$_5$ 时，将水样稀释，有毒物质浓度降低，毒性减弱，测得的 BOD$_5$/COD 增大，由此推断原污水可生化性较强是错误的。

三、污水处理中的微生物

(一) 污水处理中的微生物分类

污水处理中的微生物种类很多，主要有菌类、藻类以及动物类。

1.细菌

细菌的适应性强，增长速度快。根据对营养物需求的不同，细菌可被分为自养菌和异养菌两大类。自养菌以各种无机物（CO_2、HCO_3^-、NO_3^-、PO_4^{3-}等）为营养，将其转化为另一种无机物，释放出能量，合成细胞物质，其碳源、氮源和磷源皆为无机物。异养菌以有机碳为碳源，以有机或无机氮为氮源，将其转化为CO_2、H_2O、NO_3^-、CH_4、NH_3等无机物，释放出能量，合成细胞物质。污水处理设施中的微生物主要是异养菌。

2.真菌

真菌包括霉菌和酵母菌。真菌是好氧菌，以有机物为碳源，生长pH为$2\sim9$，最佳pH为5.6。真菌需氧量少，只有细菌的一半，真菌常出现于低pH、分子氧较少的环境中。

真菌丝体对活性污泥的凝聚起到骨架作用，但过多丝状菌的出现会影响污泥的沉淀性能，而引起污泥膨胀。真菌在污水处理中的作用是不可忽视的。

3.藻类

藻类是单细胞和多细胞的植物性微生物，含有叶绿素，利用光合作用同化二氧化碳和水放出氧气，吸收水中的氮、磷等营养元素合成自身细胞。

4.原生动物

原生动物是最低等的能进行分裂增殖的单细胞动物。污水中的原生动物既是水质净化者，又是水质指示物，绝大多数原生动物属于好氧异养型。在污水处理中，原生动物的作用没有细菌大，但大多数原生动物能吞食固态有机物和游离细菌，所以有净化水质的作用。原生动物对环境的变化比较敏感，不同的水质环境中会出现不同的原生动物，所以原生动物又被当作水质指示物。例如，当溶解氧充足时，钟虫大量出现；溶解氧低于1mg/L时，钟虫较少出现，也不活跃。

5.后生动物

后生动物是多细胞动物，在污水处理设施和稳定塘中常见的后生动物有轮虫、线虫和甲壳类的动物。

后生动物皆为好氧微生物，生活在较好的水质环境中。后生动物以细菌、原生动物、藻类和有机固体为食，是污水处理的指示性生物，它们的出现表明处理效果较好。

（二）微生物的营养关系

细菌、真菌、藻类、原生动物、后生动物共生于水体中，细菌和真菌以水中的有机物、氮和磷等为营养进行有氧和无氧呼吸，合成自身细胞。藻类利用二氧化碳和水中的氮、磷进行光合作用，合成自身细胞并向水体提供氧气。藻类的细胞死亡后成为菌类繁殖的营养，原生动物吞食水中固体有机物、菌类和藻类，后生动物捕食水中固体有机物、菌类、藻类和原生动物。

四、微生物的代谢与污水的生物处理

微生物的生命过程是营养不断被利用，细胞物质不断被合成又不断被消耗的过程。这一过程伴随着新生命的诞生、旧生命的死亡和营养物（基质）的转化。污水的生物处理就是利用微生物对污染物（营养物）的代谢转化作用实现的。

（一）微生物的代谢

微生物从污水中摄取营养物质，通过复杂的生物化学反应合成自身细胞，排出废物。这种为维持生命活动和生长繁殖而进行的生化反应过程被称为新陈代谢，简称代谢。根据能量的转移和生化反应的类型，可将代谢分为分解代谢和合成代谢。微生物将营养物分解转化为简单的化合物并释放出能量，这一过程被称为分解代谢或产能代谢；微生物将营养物转化为细胞物质并吸收分解代谢释放的能量，这一过程被称为合成代谢。当营养缺乏时，微生物对自身细胞物质进行氧化分解，以获得能量，这一过程叫作内源代谢，又被称为内源呼吸。当营养物充足时，内源呼吸并不明显，但营养物缺乏时，内源呼吸是能量的主要来源。

没有新陈代谢就没有生命，微生物通过新陈代谢不断地增殖和死亡。微生物的分解代谢为合成代谢提供能量和物质，合成代谢为分解代谢提供催化剂和反应器，两种代谢相互依赖、相互促进、不可分割。

微生物代谢消耗的营养物一部分分解成简单的物质排入环境，另一部分合成细胞物质。不同的微生物代谢速度不同，营养物用于分解和合成的比例也不相同。厌氧微生物分解营养物不彻底，释放的能量少，代谢速度慢，将营养物用于分解的比例大，用于合成的比例小，细胞增殖慢。好氧微生物分解营养物彻底，最终产物（CO_2、H_2O、NO_3^-、PO_4^{3-}等）稳定，含有的能量最少，所以好氧微生物代谢中释放的能量多，代谢速度快，将营养物用于分解的比例小，用于合成的比例大，细胞增殖快。

（二）污水的好氧生物处理

好氧生物处理是在有游离氧（分子氧）存在的条件下，好氧微生物降解有机物，使其稳定、无害化的处理方法。微生物利用废水中存在的有机污染物（以溶解状与胶体状的为主）作为营养源进行好氧代谢，将其分解成稳定的无机物质，达到无害化的要求，以便返回自然环境或进一步处置。

有机物被微生物摄取后，通过代谢活动，约有三分之一被分解，达到稳定状态，并为其生理活动提供所需的能量，约有三分之二被转化，合成新的原生质（细胞质），用于促进微生物自身生长繁殖。后者就是废水生物处理中的活性污泥或生物膜的增长部分，通常被称为剩余活性污泥或生物膜，又被称为生物污泥。在废水生物处理过程中，生物污泥经固液分离后，需要进一步处理和处置。

好氧生物处理的反应速度较快，反应时间较短，故处理构筑物容积较小，且处理过程中散发的臭气较少。因此，目前对中、低浓度的有机废水，或者说BOD_5浓度小于500mg/L的有机废水，基本上采用好氧生物处理法。

在废水处理工程中，好氧生物处理法有活性污泥法和生物膜法两大类。

（三）废水的厌氧生物处理

厌氧生物处理是在没有游离氧存在的条件下，兼性细菌与厌氧细菌降解和稳定有机物的生物处理方法。在厌氧生物处理过程中，复杂的有机化合物被降解，转化为简单的化合物，同时释放能量。在这个过程中，有机物的转化分为三部分进行：部分被转化为CH_4，这是一种可燃气体，可回收利用；部分被分解为CO_2、H_2O、NH_3、H_2S等无机物，并为细胞合成提供能量；少量有机物被转化，合成新的原生质的组成部分。由于仅少量有机物用于合成，相对于好氧生物处理法，其污泥增长率低很多。

废水厌氧生物处理过程中不需要另加氧源，故运行费用低。另外，它还具有剩余污泥量少、可回收能量（CH_4）等优点。其主要缺点是反应速度较慢，反应时间较长，处理构筑物容积大，等等。但通过对新型构筑物的设计研究，其容积可缩小。另外，为维持较高的反应速度，需要维持较高的反应温度，进而需要消耗能源。

对于有机污泥和高浓度有机废水（一般$BOD_5 \geqslant 2000mg/L$），可采用厌氧生物处理法。

第三节　水中污染生物检测与检验

一、生物群落法

（一）指示生物

生物群落中生活着各种水生生物，它们的群落结构、种类和数量的变化能反映水质状况，故称之为指示生物，如细菌、浮游生物、底栖动物和鱼类等。水生生物种类不同，其生存条件也不同。在正常情况下，水中存在的生物种类多，数量少。当水体受到污染后，不能适应的生物或者逃逸，或者死亡，水体中存在的生物种类少，数量多。水质不同，生物的种类和数量也不同。因此，根据水体中生物的种类和数量，就可以评价水质的污染状况。

浮游生物是水生动物食物链的基础，在水生生态系统中占有重要地位，多种浮游生物对环境变化反应很敏感，在水污染调查中被列为主要研究对象。浮游生物可分为浮游动物和浮游植物两大类。浮游生物悬浮在水体中，大多数的浮游生物个体较小，游泳能力弱，有的完全没有游泳能力。淡水中的浮游生物主要由原生动物、轮虫、枝角类和桡足类等组成。浮游植物主要指藻类，以单细胞、群体或丝状体的形式存在。

着生生物是附着于长期浸没于水中的各种基质（植物、动物、石头、人工基质）表面上的有机体群落，又被称为周丛生物。其包括许多生物类别，如细菌、真菌、藻类、原生动物、甲壳动物、轮虫、线虫、寡毛虫类、软体动物、昆虫幼虫、鱼卵和幼鱼等。着生生物可以指示水体的污染程度，在河流水质评价时应用较多。

底栖动物栖息在水体底部淤泥内、石块或砾石表面及其间隙中，有的附着在水生植物之间，是用肉眼可以看到的水生无脊椎动物。它们分布在江、河、湖、水库、海洋中，包括水生昆虫、大型甲壳类、软体动物、环节动物、圆形动物、扁形动物等。底栖动物的移动能力差，在正常环境的稳定水体里，种类较多，每个种类的个体数量适当，群落结构相对稳定。水体受到污染后，群落结构则会发生变化。例如，严重的有机污染和毒物会使多数较为敏感、不适应缺氧环境的种类消失，耐污染的种类则被保留下来，成为优势种类。

鱼类代表着水生动物食物链中的最高营养级。凡能改变浮游生物和大型无脊椎动物生态平衡的水质因素也能改变鱼类种群，由于鱼类和无脊椎动物的生理特点不同，某些污染物可能不会使低等生物产生明显变化，却可能对鱼类产生影响，因此鱼类的状况能够全面反映水体的总体质量。

（二）监测方法

获得各生物类群的种类和数量的数据后，可以按照生物指数法和污水生物系统法进行污水污染状况的评价。

1.生物指数法

生物指数是指根据生物种群的结构变化与水体污染的关系，运用数学公式反映生物种群或群落结构的变化，评价水体环境质量的数值。

（1）贝克指数法

贝克（Beek）首先提出一种简易计算生物指数的方法。他将调查发现的底栖大型无脊椎动物按对有机物污染的敏感性和耐受性分成 A 和 B 两大类，A 为敏感种类，是在污染状况下从未被发现的生物，B 为耐污种类，是在污染状况下才出现的动物，并规定在环境条件相近似的河段，采集一定面积的底栖动物，进行种类鉴定。在此基础上，按下式计算生物指数：

$$BI = 2S_A + S_B$$

式中：S_A、S_B 分别为底栖大型无脊椎动物中的敏感种类数和耐污种类数。

当 BI 值为 0 时，所监测区域属于严重污染区域。当极值为 1～6 时，所监测区域为中等有机物污染区域。当 BI 值为 10～40 时，所监测区域为清洁水区。

（2）津田生物指数

津田松苗在对贝克生物指数进行多次修改的基础上，提出不限于在采集点采集，而是在拟评价或监测的河段把各种底栖大型无脊椎动物尽量采到，再用贝克公式计算，所得数值与水质的关系如下：BI>30 为清洁水区，15<BI<29 为轻度污染水区，6<BI<14 为中等污染水区，0<BI<6 为严重污染水区。

（3）多样性指数

沙农-威尔姆根据群落中生物多样性的特征，经对水生指示生物群落、种群的调查和研究，提出用生物种类多样性指数评价水质。该指数的特点是能定量反映群落中生物的种类、数量及种类组成比例变化信息.例如，沙农-威尔姆的种类多样性指数计算式为

$$\bar{d} = -\sum_{i=1}^{s} \frac{n_i}{N} \log_2 \frac{n_i}{N}$$

式中：$\bar{d}$ 为种类多样性指数；N 为单位面积样品中收集到的各类动物的总个数；n_i 为单位面积样品中第 i 种动物的个数；S 为收集到的动物种类数。

式中表明动物种类越多，$\bar{d}$ 值越大，水质越好；种类越少，$\bar{d}$ 值越小，水体污染越严重。威尔姆对美国十几条河流进行了调查，总结出 $\bar{d}$ 值与水样污染程度的关系：$\bar{d}<1.0$ 为严重污染，$1.0<\bar{d}<3.0$ 为中等污染，$\bar{d}>3.0$ 为清洁。

用作计算生物指数的生物除底栖大型无脊椎动物外，还有浮游藻类，如硅藻指数：

$$硅藻指数 = \frac{2S_A + S_B - 2S_C}{S_A + S_B - S_C} \times 100$$

式中：S_A 为不耐污染（对污染敏感）的种类数；S_B 为对有机物耐污力强的种类数；S_C 为污染水域内独有的种类数。

对能耐受污染的 20 属藻类，维纳分别给予不同的污染指数值，如表 4-4 所示。

根据水样中出现的藻类来计算总污染指数，总污染指数低于15为轻度污染，总污染指数达到15～19为中度污染，总污染指数大于20为严重污染。

表4-4　维纳给出的藻类污染指数值

属名	污染指数	属名	污染指数
组囊藻	1	微芒藻	1
纤维藻	2	舟形藻	3
衣藻	4	菱形藻	3
小球藻	3	颤藻	5
新月藻	1	实球藻	1
小环藻	1	席藻	1
裸藻	5	扁裸藻	2
异极藻	1	栅藻	4
鳞孔藻	1	毛枝藻	2
直链藻	1	针杆藻	2

2.污水生物系统法

污水生物系统法是按照污染程度和自净过程，将受到有机物污染的河流划分为几个互相连续的污染带，每一个污染带中有各自不同的独特的指示生物（生物学特征）和化学特征，据此评价水质状况。

根据河流的污染程度，污染带可被划分为多污带、α-中污带、β-中污带和寡污带四种。各污染带水体内存在特有的生物种群，其生物学特征和化学特征如表4-5所示。

表4-5　污水系统的生物学特征及化学特征

项目	多污带	α-中污带	β-中污带	寡污带
化学过程	因还原和分解显著而产生腐败现象	水和底泥里出现氧化过程	氧化过程更强烈	因氧化使无机化达到矿化阶段
溶解氧	没有或极微量	少量	较多	很多
BOD	很高	高	较低	低
硫化氢的生成	具有强烈的硫化氢臭味	没有强烈的硫化氢臭味	无	无
水中有机物	蛋白质、多肽等高分子物质大量存在	高分子化合物分解产生氨基酸、氢等	大部分有机物已完成无机化过程	有机物全分解

续表

项目	多污带	α-中污带	β-中污带	寡污带
底泥	常有黑色硫化铁存在,呈黑色	硫化铁氧化成氢氧化铁,底泥不呈黑色	有Fe_2O_3存在	大部分氧化
水中细菌	大量存在,每毫升可达100万个以上	细菌较多,每毫升在10万个以上	数量较少,每毫升在10万个以下	数量少,每毫升在100个以下
栖息生物的生态学特征	动物都是细菌摄食者且耐受pH强烈变化,有耐氧及厌氧性生物,对硫化氢、氨等有强烈的抗性	摄食细菌动物占优势,肉食性动物增加,对溶解氧和pH变化表现出高度适应性,对氨大体上有抗性,对硫化氢耐性较弱	对溶解氧和pH变化耐性较差,并且不能长时间耐腐败性毒物	对pH和溶解氧变化耐性很弱,尤其对腐败性毒物(如硫化氢)等耐性很差
植物	硅藻、绿藻、接合藻及高等植物没有出现	出现蓝藻、绿藻、接合藻、硅藻等	出现多个种类的硅藻、绿藻、接合藻,是鼓藻的主要分布区	水中藻类少,但着生藻类相对较多
动物	以微型动物为主,原生动物占优势	仍以微型动物为主	多种多样	多种多样
原生动物	有变形虫、纤毛虫,但无太阳虫、双鞭毛虫、吸管虫等出现	仍然没有双鞭毛虫,但逐渐出现太阳虫、吸管虫等	太阳虫、吸管虫中耐污性差的种类出现,双鞭毛虫出现	出现少量鞭毛虫、纤毛虫
后生动物	有轮虫、蠕形动物、昆虫幼虫出现,水螅、淡水海绵、苔葬动物、小型甲壳类、鱼类没有出现	没有淡水海绵、苔藓动物,有贝类、甲壳类、昆虫出现	淡水海绵、苔萍、水螅、贝类、小型甲壳类、两栖类、鱼类均出现	昆虫幼虫很多,其他各种动物逐渐出现

污水生物系统法需要熟练掌握生物学分类知识，注重用某些生物种群评价水体污染状况，工作量大，耗时多。有时会出现指示生物异常的现象，给准确判断带来了一定的困难。

二、细菌学检验法

地表水、地下水甚至雨雪水中都含有多种细菌。细菌能在各种不同的自然环境中生长。当水体受到污染时，细菌就会大量增加口因此，水的细菌学检验，特别是肠道细菌的检验，在卫生学上具有重要意义。

直接检验水中的各种病原菌，方法复杂，难度大，且无法保证结果绝对正确。在实际工作中，通常用粪便污染的指示细菌间接判断水的卫生学质量。

（一）水样的采集

采集细菌学检验用水样，要严格按照无菌操作要求进行，防止在运输过程中被污染，并迅速进行检验。一般从采样到检验不宜超过2h，在10工以下冷藏保存不得超过6h。

1.采集自来水样，首先用酒精灯灼烧水龙头灭菌或用70%的酒精消毒，然后放水3min，再采集约为采样瓶容积80%的水量。

2.采集江、河、湖、库等水样，可将采样瓶沉入水面下10~15cm处，瓶口朝水流上游方向，使水样灌入瓶内。需要采集一定深度的水样时，用采水器采集。

（二）细菌总数测定

细菌总数是指1mL水样在营养琼脂培养基中，于37t经24h培养后，所生长的细菌菌落的总数（CFU）。它是判断饮用水、水源水、地表水等污染程度的标志。其主要测定程序如下。

1.对所用器皿、培养基等按照要求进行灭菌。

2.营养琼脂培养基的制备：称取10g蛋白陈、3g牛肉膏、5g氯化钠及10~20g琼脂溶于1000mL水中，加热至琼脂溶解，调节pH至7.4~7.6，过滤，分装于玻璃容器中，经高压蒸汽灭菌20min，储于冷暗处备用。

3.以无菌操作方法用1mL灭菌吸管吸取混合均匀的水样（或稀释水样）注入灭菌平皿中，倾注约15mL已融化并冷却到45℃左右的营养琼脂培养基，并旋摇平皿使其混合均匀。每个水样应做两份，还应另用一个平皿只倾注营养琼脂培养基作空白对照。待琼脂培养基冷却凝固后，翻转平皿，置于37℃恒温箱内培养24h，然后进行菌落计数。

4.用肉眼或借助放大镜观察，对平皿中的菌落进行计数，求出1mL水样中的平均菌落数。报告菌落数时，若菌落数在100以内，按实有数字报告，若菌落数大于100，用科学记数法表示。例如，菌落总数为37750个/mL，记作3.8×10^4个/mL。

（三）总大肠菌群的测定

一般将总大肠菌群作为粪便污染的指示菌。因为粪便中存在大量的大肠菌群细菌，其在水体中的存活时间和对氯的抵抗力等与肠道致病菌（如沙门菌、志贺菌等）相似，在某些水质条件下，大肠菌群细菌在水中能自行繁殖。

总大肠菌群是指那些能在35℃、48h之内使乳糖发酵产酸、产气、需氧及兼性厌氧的、革兰阴性的无芽孢杆菌，以每升水样中所含有的大肠菌群的数目表示。

总大肠菌群的检验方法有发酵法和滤膜法。发酵法适用于各种水样（包括底泥），但操作较烦琐，费时较长。滤膜法操作简便、快速，但不适用于混浊的水样。因为混浊的水样会堵塞滤膜，水样中的异物也可能干扰菌种生长。

1.多管发酵法

多管发酵法是根据大肠菌群细菌能发酵乳糖、产酸、产气以及具备革兰氏染色阴性、无芽孢、呈杆状等特性进行检验的。其检验程序如下。

（1）配制培养基

检验大肠菌群需要用多种培养基，有乳糖蛋白陈培养液、三倍浓缩乳糖蛋白陈培养液、品红亚硫酸钠培养基、伊红亚甲蓝培养基。

（2）初发酵试验

初发酵试验方法是在灭菌操作条件下，分别取不同量水样于数支装有三倍浓缩乳糖蛋白陈培养液或乳糖蛋白陈培养液的试管（内有倒管）中，得到不同稀释度的水样培养液，于37℃恒温培养24h。该试验基于大肠菌群能分解乳糖生成二氧化碳等气体的特征，而水体中某些细菌不具备此特点。能产酸、产气的细菌绝非仅属于大肠菌群，还需要进行复发酵试验证实。

（3）平板分离

水样经初发酵试验培养24h后，将产酸、产气及只产酸的发酵管分别接种于品红亚硫酸钠培养基或伊红亚甲蓝培养基上，于37℃恒温培养24h，挑选出符合下列特征的菌落，取菌落的一小部分进行涂片、革兰染色、镜检。

大肠菌群在伊红亚甲蓝培养基上所呈现的菌落有深紫黑色（具有金属光泽的菌落）、紫黑色（不带或略带金属光泽的菌落）和淡紫红色（中心色较深的菌落）。

品红亚硫酸钠培养基上的菌落有紫红色（具有金属光泽的菌落）、深红色（不带或略带金属光泽的菌落）和淡红色（中心色较深的菌落）。

（4）复发酵试验

涂片镜检的菌落若为革兰阴性无芽孢杆菌，则取该菌落的另一部分再接种于装有乳糖蛋白胨培养液的试管（内有倒管）中，每管可接种分离自同一初发酵管的最典型菌落 1~3 个，于 37℃恒温培养 24h，有产酸、产气者，则证实有大肠菌群存在。

（5）大肠菌群计数

根据存在大肠菌群的阳性管数，查总大肠菌群数检数表（表略），报告每升水样中的总大肠菌群数。对于不同类型的水，视其总大肠菌群数的多少，用不同稀释度的水样试验，以便获得较准确的结果。

2.滤膜法

将水样注入已灭菌、放有微孔滤膜（孔径 0.45μm）的滤器中，抽滤后细菌则被截留在膜上，将该滤膜贴于品红亚硫酸钠培养基上，37℃恒温培养 24h，对符合发酵法所述特征的菌落进行涂片、革兰染色和镜检，再将具备革兰阴性的无芽孢杆菌者接种于乳糖蛋白胨培养液或乳糖蛋白胨半固体培养基中，在 37℃恒温条件下，前者经 24h 培养产酸、产气者，或后者经 6~8h 培养产气者，则判定为总大肠菌群阳性。

将滤膜上生长的大肠菌群菌落总数和所取过滤水样量代入下式计算 1L 水中的总大肠菌群数：

$$1L 水中的总大肠杆菌群数 = \frac{所计数的大肠杆菌菌落数 \times 100}{过滤水样量（mL）}$$

（四）其他粪便污染指示细菌的测定

粪大肠菌群是总大肠菌群的一部分，是存在于温血动物肠道内的大肠菌群细菌。与测定总大肠菌群不同，测定粪大肠菌群时需要将培养温度提高到 44.5℃，在该温度下仍能生长并使乳糖发酵、产酸、产气的为粪大肠菌群。

沙门氏菌属是污水中的常见病原微生物，也是引起水传播疾病的重要原因。由于其含量很低，测定时需要先用滤膜法浓缩水样，然后进行培养和平板分离，最后进行生物化学和血清学鉴定，确定一定体积水样中是否存在沙门氏细菌。

链球菌（通称粪链球菌）也是粪便污染的指示菌。这种菌进入水体后，在水中不再自行繁殖，这是它作为粪便污染指示菌的优点。此外，人粪便中大肠菌群数多于粪链球菌，而动物粪便中粪链球菌多于粪大肠菌群，因此在水质检验时，根据这两种菌菌数的比值，可以推测粪便污染的来源。若该比值大于 4，则认为污染主要来自人粪；若该比值小于或等于 0.7，则认为污染主要来自温血动物；若该比值小于 4 且大于 2，则为混合污染，但以人粪为主；若该比值小于或等于 2，且大于或等于 1，则难以判定污染来源。粪链球菌数的测定也多采用多管发酵法或滤膜法。

三、降解 SMX 的好氧颗粒污泥微生物群落结构研究

好氧颗粒污泥系统中存在着大量对 SMX 有降解作用的微生物，明确降解 SMX 的关键微生物、SBR 反应器中的微生物与 SMX 的作用关系以及 SMX 降解中微生物的动态变化过程，对于提高好氧颗粒污泥技术降解 SMX 的效率具有重要意义。本研究采用高通量测序技术分析了 SBR 系统中降解 SMX 各个阶段的微生物群落变化情况，确定功能菌群随时间的演替和分布情况，从而掌握在 SMX 降解过程中种群多样性的动态变化，旨在更好地掌控 SMX 降解的生物过程，解析好氧颗粒污泥系统中的微生物与 SMX 的相互作用机制。

（一）实验仪器与平台

实验用到的主要仪器有低温离心机（SIGMA）和超低温冰箱。高通量测序平台为美吉生物云平台。

（二）实验方法

从曝气均匀的反应器内取适量污泥，混合均匀后于 10mL 离心管中，在 4℃、5000g/min 的条件下离心 10min。离心后用注射器抽出上清液，弃去，将离心管中的污泥保存于 -80℃ 冰箱中。测序引物为 338F（ACTCCACGGGAGGCAGCA）。测序流程由 DNA 抽提、设计合成引物接头、PCR 扩增与产物纯化、PCR 产物定量、构建 PE 文库与 Illumina 测序等步骤构成。

（三）实验结果与分析

1.污泥颗粒化过程中物种多样性分析

稀释曲线（rarefaction curve）可以反映各样本在不同测序数量时的微生物多样性，也可以用来说明样本的测序数据量是否合理。多样性指数为 Sobs 的稀释曲线图，图中曲线趋向平坦，继续测序不会产生大量新的物种，这说明测序数据量合理，测序结果可以反映样本中绝大多数的微生物多样性信息。

Alpha 多样性包括 Sobs、Chao、Ace、Heip、Smithwilson 等多种指数，可以从多个角度体现样品中微生物多样性的差异情况。其中，Chao、Ace、Shannon、Simpson、Coverage 可以分别反映微生物群落的种群丰度、多样性和覆盖度。从表 4-6 中可以看出，加药组 R1 中的生物多样性明显低于 R2，这可能是由于 SMX 的存在导致一些微生物无法生存。与初始的接种污泥相比，R1 中的种群丰度和多样性都大大减少。

表4-6 AlpHa多样性指数

样品名称	Shannon	Simpson	Ace	Chao	Coverage
DHN_1（接）	6.264656	0.004025	1482.986	1479.482	0.998815
DHN_2（R1）	3.507213	0.062300	501.4139	496.1091	0.997452
DHN_3（R1）	3.438905	0.062218	492.8937	483.0690	0.997590
DHN_4（R1）	3.700262	0.064964	498.0191	498.6604	0.998318
DHN_5（R2）	3.922132	0.045020	532.3883	527.9167	0.998035

2.微生物群落的动态变化分析

（1）污泥颗粒化过程中微生物群落变化情况

在污泥颗粒化过程中，对SMX的去除效率出现大幅波动，可能是加药组R1中的微生物群落结构发生变化导致的，R1中三个样品取样时所对应的SMX去除率。样品DHN_1为两组反应器的接种污泥，样品DHN_5来自运行至第80天的R2反应器（此时R2已经形成颗粒且尚未投加SMX）。

首先对污泥颗粒化过程中的微生物群落变化情况进行分析。图4-1体现了两组反应器中微生物在门水平上的种类和丰度变化情况。从图4-1中可以看出，在这几个样本中变形菌门（Proteobacteria）的丰度最高，其次是放线菌门（Actino-bacteria）和拟杆菌门（Bacteroidetes），以往研究表明，这几种菌是好氧颗粒污泥内部常见的优势菌。与接种污泥相比较，R1和R2中放线菌门的丰度明显上升。在样本DHN_1中，绿弯菌门（Chloroflexi）占比11.1%，而在其他样本中的含量均不足1%。螺旋菌门（Saccharibacteria）在几个样本中的丰度存在明显变化，在接种污泥中占比4.63%，在R1的三个样本中分别占5.29%、14.4%、30.84%，呈逐渐上升的趋势，而该阶段对应的SMX去除率与螺旋菌门丰度变化一致。螺旋菌门在样本DHN_5（R2）中占9.82%，也高于接种污泥中的丰度。

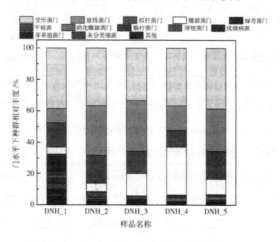

图4-1 微生物在门水平的分布情况

SMX的长期存在抑制了一些细菌的生长，导致R1中物种多样性的急剧下降，但并未抑制变形菌门细菌的生长，这可能是由于SMX的浓度较低，对污泥体系中原始的优势菌并未造成影响。放线菌在接种污泥中占比9.1%，在SMX长期存在的R1中占比31.5%。与其他受到抑制的细菌不同，放线菌在SMX存在条件下含量反而上升了，这说明SMX抑制了其他细菌的生长，为放线菌创造了良好的生存条件，使其成为好氧颗粒污泥系统中的优势菌，与前人报道的放线菌可以利用SMX作为碳源进行生长繁殖的结果是一致的。

（2）单因素实验中微生物群落的动态变化

在单因素实验部分，每个因素的浓度水平发生变化时保存污泥样品，按照单因素名称对各个样品进行分组。利用高通量测序技术检测样品中微生物丰度变化情况，进一步了解在SMX浓度、COD浓度、DO浓度发生变化时好氧颗粒污泥内部的微生物群落动态变化过程。样品名称、分组情况与各因素浓度水平变化的对应情况如表4-7所示。

表4-7 样品名称与单因素变化对应情况

因素变化水平	样品名称	分组名称
SMX浓度1000μg/L	D_1	SMX
SMX浓度2000μg/L	D_2	
SMX浓度3000μg/L	D_3	
SMX浓度4000μg/L	D_4	
COD浓度200mg/L	D_5	COD
COD浓度400mg/L	D_6	
COD浓度600mg/L	D_7	
COD浓度800mg/L	D_8	
DO浓度6mg/L	D_9	DO
DO浓度4mg/L	D_10	

微生物随各单因素变化在门水平上的演替情况。当SMX浓度为变化因素时，变形菌门（Proteobacteria）和拟杆菌门（Bacteroidetes）是颗粒污泥中的优势菌门。随着SMX浓度不断增加，变形菌门的丰度从32.73%增加到74.37%，同时拟杆菌门的丰度逐渐降低（65.53%>45.64%>43.86%>20.74%）。在整个SMX浓度升高的过程中，变形菌门和拟杆菌门在系统中占绝对优势，其他门类的丰度极低，这可能是因为随着SMX对好氧颗粒污泥的压力逐渐增大，系统内物种多样性降低。进水中COD浓度从200mg/L提高到800mg/L，该阶段中好氧颗粒污泥中的优势菌门为变形菌门（Proteobacteria）、拟杆菌门（Bacteroidetes）、放线菌门（Actinobacteria）、绿弯菌门（Chloroflexi）。COD浓度为200mg/L时，污泥中优势菌门及其丰度如下：

放线菌门（68.64%）>变形菌门（13.97%）>拟杆菌门（11.38%）。COD浓度提高后，物种丰富度明显增加。此外，绿湾菌门（Chloroflexi）、酸杆菌门（Acidobacteria）、厚壁菌门（PhylumFinnicutes）x浮霉菌门（Planctomycetes）、硝化螺旋菌门（Nitrospirae）等菌门的丰度明显升高，DO浓度降低可能影响到反应器内大多数好氧微生物，使物种多样性再次降低。除变形菌门（74.68%、86.74%）和拟杆菌门（15.1%、7.59%）保持较高丰度外，其他菌门的丰度明显降低.可以看出，变形菌门和拟杆菌门在各因素水平变化时一直处于优势地位。由于SMX持续存在，物种多样性较低，当进水营养提高后好氧颗粒污泥快速增长，反应器内菌门种类也随之增多。

　　SMX浓度、COD浓度和DO浓度三个因素变化时，反应器内微生物在属水平上的变化情况。选取丰度在前的物种进行分析，根据前四个样本中各菌属的丰度可知.在SMX浓度增加过程中，丰度较高的几种菌属分别为黄杆菌属（Flavobacterium）、副球菌属（Paracoccus）索氏菌属（Thauera）、蛭弧菌属（Bdellovibrio）。其中，黄杆菌属和副球菌属是典型的好氧菌，但副球菌属能以硝酸盐、亚硝酸盐或氧化氮为电子受体营厌氧生长，有研究者在厌氧条件下富集磺胺甲恶噻降解菌，在驯化后的污泥中发现副球菌属的丰度明显增加：当反应器内SMX浓度不断升高时，黄杆菌属的丰度呈现出逐渐降低的趋势（46.19% > 28.85% > 13.43% > 8.69%）。有研究表明黄杆菌属可以对氨氮、亚硝氮、硝态氮这三种形式的氮进行不同程度的转化，因此黄杆菌属的丰度逐渐降低也解释了在SMX浓度升高的后期，反应器出水中亚硝氮积累量增加的现象。与黄杆菌属相反，索氏菌属丰度随着SMX浓度升高而增加（2.2% < 7.71% < 8.19%），也就是说在SMX的压迫下颗粒污泥中能利用SMX的微生物不断增加。值得注意的是，SMX浓度为$4000\mu g/L$之后，索氏菌的丰度没有继续增加，而此时污泥对SMX的去除量也有所下降。

　　分析样本D_5可知，当COD浓度为200mg/L时，菌属的丰富度相对较低，除未知菌属外，Nakamurella的含量最高，为50.18%，其次是铁杆菌属（Ferribacterium），含量为10.88%。进水COD浓度升高后，菌属种类越来越丰富，但对SMX的去除能力并未提升。前文推测螺旋体菌和索氏菌可能是好氧颗粒污泥中去除SMX的主要微生物，然而基质浓度升高后这两种菌的丰度并没有增加。这一方面可能是因为此时反应器中的SMX浓度为$5\mu g/L$，较低浓度的SMX对好氧颗粒污泥系统产生的压力较小，所以能够利用SMX的菌并没有成为优势种；另一方面可能是因为基质浓度的增加使污泥中物种多样性大幅提高，多种微生物同时存在，不利于螺旋体菌和索氏菌的生长。

　　样本D_9和D_10分别体现了DO浓度为6mg/L、4mg/L时污泥中微生物的分布情况。如图3-11所示，DO浓度降至6mg/L之后，铁杆菌属（Ferribacterium）成为优势菌属,其丰度为44.5%。同时,之前污泥中存在的优势菌属黄杆菌属和副球菌属在这两个样本中的含量不足1%。当DO浓度降至4mg/L之后,好氧颗粒污泥出现破碎的现象且对各项污染物的去除能力下降。在样本D_10中可以看到,此时的污泥中丰度最高的菌属是丝状菌属(Thiothrix),其含量为34.87%。

3.样本差异比较分析

通过以上分析可知各样本中优势菌门(属)的分布情况,对各个样本进行Beta多样性分析,比较不同分组样本中群落的差异性,可以体现不同组间整体物种的分布情况,明确菌属的分布趋势是否是引起样本间差异的主要原因。

4.物种差异性分析

明确了组间具有显著性差异后,对各分组样本进行物种差异性分析,进一步讨论引起组间差异的特定物种。选取属水平下丰度为前10的物种,对SMX去除率下降和恢复时好氧颗粒污泥微生物群落动态差异进行比较分析。其中柱形图表示物种在两个样本中的丰度,右侧小球对应的横坐标是该物种在两个样本中丰度的差值,最右侧的数值为尸值。图中体现了DHN-2和DHN-4在属水平上具有显著性差异的微生物类群。在SMX去除效果较差(DHN-2)时,其他菌属的丰度较高,但螺旋体菌属(norank_p_Saccharibacteria)和索氏菌属(Thauera)的丰度较低。去除效果恢复(DHN-4)时,这两种菌的丰度显著增加($P < 0.01$)。这说明螺旋体菌属和索氏菌是引起两个样本差异的主要微生物,也极有可能是导致污泥在第40天(DHN-2)和第80天(DHN-4)对SMX去除效果不同的关键。

第五章 典型水环境污染的监测方法

第一节 水环境中抗生素药物的污染现状

目前，在地表水、地下水、饮用水和海水中已发现50多种药物。国外许多学者，特别是欧洲及美国的科学家对此进行了一系列的研究。Roman Hirsch研究了有代表性的抗生素在德国某污水处理厂的出水口和地表水中的存在情况，分析了大环内酯类、青霉素类和四环素类等18种抗生素的浓度，在河水中检测到浓度为0.62μg/L的红霉素、0.19μg/L的罗红霉素和克拉霉素等，而四环素类和青霉素类的浓度相对较低，分别为50ng/L和20ng/L，这可能是因为这类抗生素分子结构中的β-内酰胺环不稳定，易在水环境中降解。在欧洲易北河河口，红霉素、罗红霉素等大环内酯类化合物是检出率较高的化合物，含量范围为30~70ng/L。Kolpin较全面地分析了美国30个州内139条河流水中农药、医药、激素等95种有机污染物的含量，其中抗生素浓度均在μg/L级。泰乐菌素、罗红霉素、红霉素的脱水代谢产物等大环内酯类抗生素的浓度为0.04~0.1μg/L，四环素、土霉素和氯四环素的浓度约为0.42μg/L，磺胺甲恶唑、磺胺甲基嘧啶、磺胺甲噻二唑和磺胺间二甲氧嘧啶等磺胺类抗生素的浓度为0.02~0.6μg/L，诺氟沙星平均浓度为0.12μg/L，甲氧苄啶是各水体样品中最常检测到的一种抗生素，检测到的最高浓度为0.71μg/L。在德国、意大利、瑞士等国内的河流水中最常检测到的抗生素种类主要是大环内酯中的泰乐菌素、罗红霉素、红霉素和磺胺类中的磺胺甲恶唑。我国学者对我国水体中抗生素的存在情况也做了一些研究。徐维海等分析了香港维多利亚港与珠江广州河段水体中几种典型抗生素的含量，维多利亚港各水体中抗生素较少，广州河段中9种目标抗生素都能被检测到，而且含量水平高于美国、欧洲等河流中相应抗生素的含量。孙广大等用HLB固相萃取柱富集、净化，超高压液相色谱-

串联质谱检测福建九龙江口及厦门近岸海域环境水样，其中四环素类抗生素未被检出，氧氟沙星浓度为0.9~5.8ng/L。

需要引起足够重视的是在地下水和自来水中也检测到了药物。在德国巴登-符腾堡州的108个地下井水样品中共检出60种药物，其中8种药物可在至少3个样品中同时检测到，最高含量达到1100ng/L，检出率最高达20%。而这8种药物中就有大环内酯类和磺胺类两类抗生素。目前，关于抗生素在地下水中的调查研究不多。磺胺类抗生素在土壤中的吸附性弱，容易通过淋溶作用进入地下水。Angela L. Batt等分析了美国华盛顿郡6个作为饮用水源的井水水质，并评价水井附近的动物饲养对当地地下水的水质影响，在所有井水样品中都发现了兽药抗生素磺胺二甲嘧啶（浓度为0.076~0.22μg/L）、磺胺二甲氧嘧啶（浓度为0.046~0.068μg/L），动物饲养场是附近的地下水抗生素的主要来源。Hirsch等对多个农田区域的地下水样品进行分析，只在两个点检测出磺胺类抗生素，其中磺胺甲恶嘎和磺胺二甲嘧啶含量分别为0.47μg/L和0.16μg/L。

第二节　水环境中抗生素的主要来源

水环境中的抗生素主要来自生活污水、工业污水、医院和药厂废水，水产养殖废水以及垃圾填埋场等也含有大量的抗生素类药物。虽然有研究表明，生活和工业污水中的大多数药物可以在污水处理厂被分解或去除，但即使在污水处理设施十分完善的发达国家，抗生素类药物也不能完全被去除。

一、医院

医院是抗生素类药物使用最为集中的地方，许多研究已经证明医院中的废水包括由医院丢弃的过期抗生素、病人粪便和尿液排出的处方抗生素。Andreas Hartmann等在医院附近的下水道检测到大量高浓度的医用抗生素，如强心剂、镇痛药、避孕药、类固醇和其他激素类、防腐剂、利尿剂、心血管和呼吸病治疗剂、降压和降糖药等。Klaus Kümmerer的调查结果显示，环丙沙星在某医院废水中的浓度为0.7~124.5ng/L，阿莫西林为20~80ng/L，这个含量已经远远超过了水中生物的致死含量。美国在城市废水中检测6类主要处方药，包括外内酰胺类（如青霉素、阿莫西林、头孢安定等）、大环内酯类（如阿奇霉素、乙酰螺旋霉素和红霉素）、氟喹诺酮类、氨基糖苷类、磺胺类及四环素类抗生素，其中青霉素的检出率最高，其次为磺胺类、大环内酯类和氟喹诺酮类。在瑞典的医院废水处理厂的排水出口发现了多种抗生素，包括氟喹诺酮、磺胺甲恶唑、甲氧苄啶、青霉素、四环素等，其含量水平已经超过环境中药物含量的千倍甚至万倍。Kathryn D. Brown

等在医院排出的废水中检测到磺胺甲恶唑、甲氧苄啶、环丙沙星、氧氟沙星、林可霉素、青霉素等抗生素，其中氧氟沙星含量较高，浓度达到35.5mg/kg。高浓度的抗生素药物进入环境中，势必将对环境造成严重的影响。

二、水产养殖和牲畜养殖

在水产养殖中使用抗生素预防和治疗鱼类等的疾病已经是行业内外皆知的事实，并且存在滥用现象。随着药物的大量使用，大量未被吸收的药物和养殖水体中残留的药物最终将进入环境中或者吸附到池塘沉积物上。张慧敏等提出在浙北地区施用畜禽粪肥的农田表层土壤中土霉素、四环素和金霉素的检出率分别为93%、88%和93%，残留量分别在检测限以下至5.17mg/kg、0.553mg/kg、0.588mg/kg之间。陈界等于2005—2006年采集了江苏省各市不同种类的集约化畜禽养殖场共178个畜禽粪便样品，检测结果表明磺胺类药物残留的检出率普遍较高，各种药物检出总量变化较大，总量大于3000ng/g的小于5%，而总量小于200ng/g的约占50%，且各类药物同时检出的现象较为明显。赵娜研究了珠江三角洲地区不同类型菜地土壤中磺胺类和四环素类抗生素的含量，研究显示养猪场菜地土壤中抗生素的总含量远远高于无公害蔬菜基地、普通蔬菜基地和绿色蔬菜基地。

三、垃圾填埋场

医药垃圾若不经过滤收集系统，直接进入垃圾填埋场，从医药垃圾中渗出的部分物质将进入周围的水层。磺胺类抗生素在丹麦垃圾填埋厂淋滤液中的含量可高达0.04~6.47mg/L；粪便中抗生素浓度已达mg/kg级。T.H φverstad等较早报道了人体粪便中几种常规服用的抗生素暴露问题，其中甲氧苄啶和强力霉素的浓度为3~40mg/kg，红霉素的浓度高达200~300mg/kg。四环素类是动物粪便中常见的抗生素，Gerd Hamscher等在液体粪肥中检测到四环素含量为4.0mg/kg，氯四环素含量为0.1mg/kg。Elena Martinez-Carballo等分析了不同禽畜粪便中抗生素的残留情况，也发现了四环素是猪粪中浓度最高的一类抗生素。其中，氯四环素、土霉素和四环素的浓度分别为46mg/kg、29mg/kg.23mg/kg。磺胺类抗生素在动物粪便中也常被检出，猪粪中的磺胺嘧啶和鸡粪便中的磺胺二甲嘧啶最高浓度分别达到20mg/kg和91mg/kg。我国也有抗生素在禽畜粪便中残留的报道。浙北地区禽畜粪便样品中四环素、土霉素和金霉素残留量分别在检测限以下至16.75mg/kg、29.6mg/kg.11.63mg/kg之间。江苏地区畜禽粪便中磺胺类药物的检出率普遍较高。其中，奶牛粪便中磺胺类含量最高，母猪粪便中最低。因此，将含抗生素的动物粪便作为有机肥施用到农田是抗生素进入环境的重要途径。

第三节　水环境中重金属对抗生素抗性的影响分析

环境中广泛存在的抗生素的耐药性已经对人类健康构成了严重威胁，因为它与抗生素治疗潜力的丧失以及随之而来的发病率和死亡率息息相关。临床和自然环境中抗生素抗性基因的传播速度随环境中污染物的增加而大大加快。最近，越来越多的研究表明除抗生素以外的其他多种污染物都可以促进抗生素抗性基因的传播扩散，如重金属、消毒剂及其副产物和纳米粒子等。在抗生素和重金属的共同作用下，抗生素抗性基因的传播扩散尤为显著。

重金属存在于自然环境中，但近年来人类人口增长和工业的迅速发展使重金属在各种环境中的释放和积累量逐渐增多。Craig Baker-Austin 等人在研究中报道重金属在水环境中促进了抗生素抗性基因的传播，其中主要以抗性基因的水平转移为主。涉及重金属和抗生素的抗性基因一般都位于移动或可移动的遗传元件上，如质粒、整合子和转座子等，抗性基因可以通过遗传元件在微生物群落之间进行水平转移。Cheng Weixiao 等人和 Martina Hausner 等人的报道显示，质粒在抗生素抗性基因的水平转移过程中起到了非常重要的作用。已有学者对质粒介导的抗生素抗性基因在土壤和污水处理厂中的水平转移进行了研究。抗性质粒容易在敏感菌之间发生水平转移，其中包括同属、跨属，甚至可以在革兰氏阳性菌和革兰氏阴性菌之间转移。在所有环境介质中，水环境中存在着大量的抗生素抗性基因和抗生素耐药菌，因此水环境对抗生素抗性基因的传播具有重要作用。

本节以 E.coli K12（RP4）为供体菌，以环境水样中土著混合菌为受体菌，建立微宇宙水环境体系，并以不同浓度的重金属（铜、镉、铅、锌）为选择性压力，考察其对抗生素抗性基因的水平转移频率的影响。通过影印培养法筛选接合子，连同 DNA 测序，确定接合转移体系中可培养受体菌和接合子的细菌种属。通过琼脂稀释法考察接合子对 8 种抗生素和 4 种重金属的最小抑菌浓度，以进一步阐明重金属在促进多种抗生素抗性基因水平转移频率中的重要作用。

一、实验材料与方法

（一）微宇宙水环境体系的建立

以《经济合作与发展组织化学品测试准则》为依据，建立了微宇宙水环境体系，研究重金属铜（Cu）、镉（Cd）、铅（Pb）、锌（Zn）对 RP4 质粒介导的抗生素抗性基因由大肠杆菌 K12 向水环境中土著细菌水平转移的影响。水环境样本从某市公园中采集口水环境样本的水质特性如表 5-1 所示。供体菌为具有利福平抗性（Rif^R）的大肠杆菌K12，并携带耐氨苄西林、卡那霉素和四环素的RP4质粒（Ap^R、Km^{R}和Tc^R）。受体菌则为水环境样本中的土著混合菌，经检测该样本中土著混合菌不携带RP4质粒且无供体菌所含抗性。

表5-1　某市公园水样水质特性

测试指标	单位	结果
恩诺沙星	ng/L	36.0
四环素	ng/L	300.4
磺胺二甲嘧啶	ng/L	*0.4
环丙沙星	ng/L	26.8
氧氟沙星	ng/L	10.0
卡那霉素		**ND
土霉素	ng/L	11.6
磺胺甲恶唑	ng/L	82.4
强力霉素	ng/L	5.2
链霉素	ng/L	50.5
金霉素	ng/L	16.8
罗红霉素	ng/L	7.2
氨苄西林		**ND
利福平		**ND
锌	ng/L	50.0
铜	ng/L	10.0
总有机碳	mg/L	16.8
氨氮	mg/L	3.2
总磷	mg/L	0.2
酸碱度		7.2
水温	℃	30

注：*代表大于检出限（LOD）；**ND代表未检出。

水样采集后于冰箱中4℃静置3h以去除沉淀物。收集上清液，转移至500mL三角瓶中，加入1% Luria-Bertani（LB）培养基，在30℃的摇床培养箱（160r/min）培养过夜，调整菌液浓度OD$_{600}$≈0.4。随后添加1%大肠杆菌K12供体菌株，形成微宇宙水环境体系。

在500mL三角瓶中建立水平转移体系，同时添加不同浓度的重金属溶液（CuSO$_4$、CdCl$_2$、PbSO$_4$和ZnSO$_4$溶液）以保证金属离子的最终作用浓度分别为0μg/L、0.05μg/L、0.5μg/L、5μg/L、25μg/L、50μg/L、100μg/L和200μg/L，涡旋混匀。将水平转移体系置于30℃恒温培养箱中静置培养40h。并于接合转移期间定时取样

（0h、5h、10h、15h、20h、25h、30h、35h、40h）10mL用于实验涂板和DNA提取。

（二）水平转移频率的计算

用平板计数法检测水平转移体系中重金属Cu、Cd、Pb、Zn处理组对质粒RP4从供体菌向可培养的土著混合菌水平转移的影响。通过LB琼脂培养基筛选并计数水环境样本中可培养的细菌总量（N_r）；在含60mg/L卡那霉素、100mg/L氨苄西林、10mg/L四环素和40mg/L利福平的四抗LB平板上，对供体菌株N_4（Ap^R、Km^R、Tc^R和Rif^R）进行培养计数。此外，在三抗平板上（100mg/L Ap^R、50mg/L Km^R、10mg/L Tc^R）对供体菌株和接合子（N_3）进行平板计数。可培养的接合子即为N_3与N_4之差。同时，将水环境样本作为对照组用三抗平板进行计数（即作为阴性对照，也将受体菌株的自发突变排除在外）。

水平转移频率f由以下公式计算：

$$f = \frac{N_3 - N_4}{N_r - N_4}$$

其中，N_r为水环境样品中可培养的细菌总量，单位为CFU/mL；N_3为携带RP4质粒（Ap^R、Km^R、Tc^R）的细菌数量，包括供体菌和接合子，单位为CFU/mL；N_4为供体菌数量（Ap^R、Km^R、Tc^R、Rif^R），单位为CFU/mL。

（三）RP4质粒接合转化体系

为了排除从细菌细胞裂解出的裸露RP4质粒向其他受体细菌转化的影响，建立相同浓度Cu暴露下，裸露DNA（RP4质粒）向受体转化的阴性对照实验。将供体大肠杆菌K12接种到具有相应抗性的LB液体培养基上，置于37℃振荡培养箱（160r/min）中过夜振荡培养。使用细菌DNA提取试剂盒（OMEGA，美国），根据说明书步骤从大肠杆菌K12中提取RP4质粒。同时，调整菌液浓度$OD_{600} \approx 0.4$。

随后，添加RP4质粒至微宇宙水环境体系并保证其最终浓度为5μg/mL（该浓度相当于供体大肠杆菌K12进行水平转移所携带RP4质粒的浓度）。在各个实验组添加$CuSO_4$溶液保证Cu作用浓度为0μg/L、0.05μg/L、0.5μg/L、5μg/L、25μg/L、50μg/L、100μg/L和200μg/L，混匀。

（四）接合子的鉴定和药敏实验

通过影印培养法分离接合子。在三抗平板（Ap^R、Km^R、Tc^R）和四抗平板（Ap^R、Km^R、Tc^R和Rif^R）上分别用影印培养法对接合转化菌株进行培养，以确保两平板上的菌株位置相同。接合子可以在三抗平板上生长，但不能在四抗平板上生长。同时，通过PCR和DNA测序验证RP4质粒已转入受体菌株，PCR引物经过特殊设计，如表5-2所示。记录接合子形态特征，通过16SrRNA测序对分离得到的接合子进行鉴定。

表5-2 目标基因PCR引物及条件

引物	基因	引物序列（5'-3'）	PCR退火温度/℃	qPCR退火温度/℃	扩增长度/bp
16s-FW	16S	CGGTGAATACGTTCYCGG	58	57.5	126
16s-RV	rRNA	GGWTACGTTGTTACGACTT			
27F	16S	AGAGTTTGATCCTGGCTCAG	56	—	1466
1492R	rRNA	GGTTACCTTGTTACGACTT			
tnpR-FW	tnpR	GCAAATCCAGCCCTTCC	55	60	205
tnpR-RV		AACCAGCCAGCAGTCTC			
traF-FW	traF	CTCCGATGGAGGCCGGTAT	54.1	54.1	196
traF-RV		GGGAATGCCATCTGCCTTGA			

注：FW——forward；RV——reverse。

此外，对可培养的接合子和可培养的土著受体菌进行8种抗生素（氨苄西林、卡那霉素、四环素、磺胺二甲嘧啶、罗红霉素、环丙沙星、金霉素和链霉素）和4种重金属（铜、镉、铅、锌）的最小抑菌浓度实验，该实验参照临床和实验室标准研究所推荐的琼脂稀释法，确定梯度稀释（256mg/L、128mg/L、64mg/L、32mg/L、16mg/L、8mg/L、4mg/L、2mg/L、1mg/L、0.5mg/L、0.25mg/L、0.125mg/L、0.06mg/L、0.03mg/L）。

二、结果分析

（一）重金属影响质粒RP4水平转移

本实验对铜（Cu）、镉（Cd）、铅（Pb）、锌（Zn）4种重金属对RP4质粒介导的抗生素抗性基因在微宇宙水环境中的水平转移频率进行研究。结果表明，Cu、Pb、Zn促进了微宇宙水环境中抗性基因的水平转移，而在Cd暴露条件下抗性基因水平转移频率有所降低。本实验对实验组和对照组之间的差异进行了显著性分析。

如图5-1所示，Zn提高了微宇宙水环境系统中抗生素抗性基因的水平转移率。当Zn浓度小于0.5μg/L时，由RP4质粒介导的抗性基因的水平转移频率有小幅度降低；Zn浓度介于0.5～50μg/L，其水平转移频率随Zn浓度增大呈明显上升趋势，且在50μg/L组达到最大值，较对照组而言大约增加了4.6倍；Zn浓度大于50μg/L时，其水平转移频率又呈下降趋势。

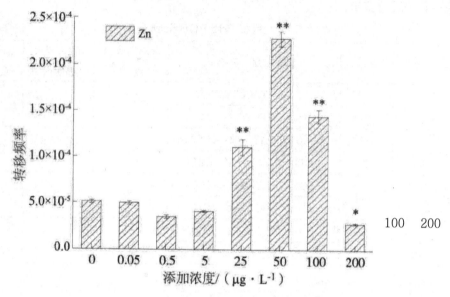

图5-1　Zn对抗生素抗性基因从供体菌E.coli　K12向水样土著受体菌水平转移的影响

此外，水环境中Zn浓度与本研究所设置的Zn暴露浓度相似。Jia等研究了太湖北部、西部和南部水样中几种典型重金属含量特征，结果表明太湖西部水样中Zn浓度为2.46～25.37μg/L。Li等人对太湖西部沉积物中重金属的含量特征进行了分析研究，结果显示沉积物中Zn含量为94.4～129.2μg/g，且自1990年以来，重金属含量呈明显上升趋势。因此，水环境中Zn可以促进抗生素抗性基因的转移扩散，这一点需要引起重视。

Pb对微宇宙水环境系统中抗生素抗性基因的水平转移也具有一定的促进作用，且大致趋势与Zn相似，如图5-2所示。随着Pb浓度的增加，由RP4质粒介导的抗性基因的水平转移频率明显提高，且在100μg/L组达到最大值，较对照组而言大约增加了3.4倍。当Pb浓度大于100μg/L时，抗性基因的水平转移频率迅速降低。此外，其水平转移频率与Pb浓度（0.05～100μg/L）之间存在明显的剂量依赖性（$p<0.05$，S-N-K测试）。Wang等人的研究显示，中国江苏省五大湖（太湖、涌湖、洪泽湖、高宝邵伯湖和骆马湖）中Pb浓度为1.03～15.18μg/L。因此，现存水环境中可检测的Pb浓度已经可以对抗生素抗性基因的水平转移产生一定的促进作用。此外，由于重金属在水环境中不易降解且随时间推移和人类活动逐渐积累，因此重金属对抗生素抗性基因转移扩散的促进作用应当引起重视。

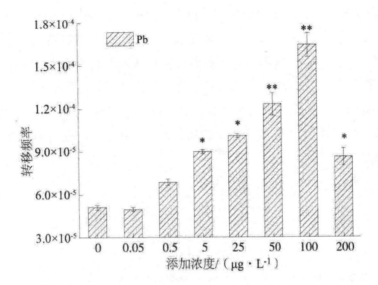

图 5-2　Pb 对抗生素抗性基因从供体菌 E.coli　K12 向水样土著受体菌水平转移的影响

与 Cu、Pb、Zn 相反，在 Cd 暴露条件下，由 RP4 质粒介导的抗性基因的水平转移频率随 Cd 浓度的增加而降低（$p < 0.05$，S-N-K 检验），如图 5-3 所示。然而在 $0.05 \sim 50\mu g/L$，水平转移频率随 Cd 浓度降低所产生的变化并不显著。Sivakumar Rajeshkumar 等人在对太湖水体、沉积物及水生生物中重金属含量及相关分析中指出，Cd 在太湖水体中含量为 $0.10 \sim 1.44\mu g/L$。薛培英等在分析白洋淀水生态系统中重金属的污染分布特征时提到，Cd 仅在部分样点检出且浓度较低，为 $0 \sim 0.3\mu g/L$。结合水环境中可检测到的 Cd 浓度可以看出，Cd 对抗生素抗性基因传播扩散产生的影响较其他重金属而言相对较小。

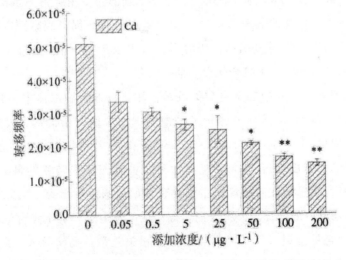

图 5-3　Cd 对抗生素抗性基因从供体菌 E.coli　K12 向水样土著受体菌水平转移的影响

与 Zn、Cd、Pb 相比，Cu 促进微宇宙水环境系统中抗生素抗性基因水平转移的能力最强（图5-4）。与对照组相比，抗性基因的水平转移频率随着Cu浓度的增加（0.05～5.0μg/L）而增加，当Cu的浓度为5.0μg/L时达到最大，为（8.20±0.67）×10⁻⁴，5.0μg/L Cu处理组为对照组质粒RP4的水平转移频率的16倍。而当Cu作用浓度为25～200μg/L时，抗性基因的水平转移频率显著降低，且当Cu作用浓度为200μg/L时，抗性基因的水平转移频率低于对照组。这说明高浓度的Cu对携带抗生素抗性基因的微生物产生了抑制作用，从而降低了抗性基因在细菌之间的传播扩散。

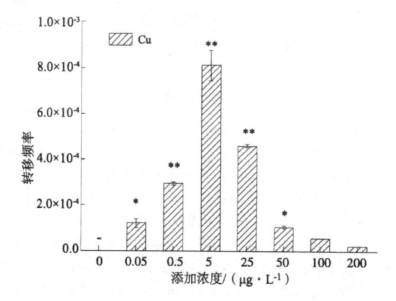

图5-4　Cu对抗生素抗性基因从供体菌E.coli　K12向水样土著受体菌水平转移的影响

同时，在以裸露RP4质粒作为供体（浓度5.0μg/mL，相当于E.coli接合转移供体质粒RP4浓度）的水平转移体系中，实验组和对照组都未观察到自然转化。因此，我们合理推断，在重金属选择压力下，以质粒RP4介导的抗性基因在供体菌和土著受体菌之间只发生了接合转移，而非转化。

从Wang等人的研究中的定量数据可知，江苏省五大湖水体中所含Cu浓度为1.00～28.0μg/L。Wang等人研究分析了蠡湖沉积物中重金属含量，发现蠡湖表层沉积物中Cu和Pb含量分别为13.56～73.93μg/g和20.29～415.66μg/g。因此，水环境中可检测的Cu浓度超过了Cu影响抗生素抗性基因水平转移的最大促进浓度。同时，重金属不易降解且对环境微生物具有长期的选择性压力，因此重金属能促进ARGs在水环境中的传播。研究表明，湘江地区重金属和抗生素含量均较高，且部分抗性基因与重金属（Cu、Zn）含量呈正相关关系。杨帆等人[②]的研究表明，在污水处理厂污泥厌氧消化反应中，Fe⁰的加入对质粒介导的四环类抗性基因的水平转移有一定的促进作用。因此，水环境中现存的重金属不仅会因其自身毒性对生物体造成危害，更会因其对抗生素抗性基因传播扩散的促进作用而对水环境中的生物体甚至人类健康产生一定威胁。

对比四种重金属（Cu、Cd、Pb、Zn）对ARGs水平转移的影响可以发现，除Cd对其产生了一定的抑制外，其他三种重金属均显著促进了ARGs的水平转移。三种重金属对ARGs水平转移促进作用由大到小依次为Cu>Zn>Pb。基因水平转移是ARGs在环境中传播扩散最常见的原因，因此结合本研究结果可知，重金属作为ARGs的选择性压力，与抗生素一样值得重视。先前的定量环境数据研究只报道了一些ARGs与典型重金属（如Cu、Zn）的显著相关性。在本研究中，实验证据表明，重金属Cu、Pb、Zn在水环境中诱导了抗性基因水平转移频率的增加，促进了ARGs的传播。

（二）接合子的菌种鉴定

将筛选到的接合子通过平板划线法进行分离纯化培养，通过PCR扩增和16SrRNA测序以鉴定接合子的菌种。同时，鉴定水环境样本中的土著混合受体菌。结果显示接合子共有19种土著菌（表5-3），可分为5个属，分别为不动杆菌属（Acinetobacter spp.）、产碱杆菌属（Alcaligenes spp.）、假单胞菌属（Pseudomonas spp.）、沙门菌属（Salmonella spp.）、微杆菌属（Microbacterium spp.）。此外，接合子中都检测到了质粒RP4（由TRAF基因表示），这表明在部分重金属的暴露下，水环境内可培养的敏感土著菌都通过水平迁移而具有了质粒RP4，从而促进了抗生素抗性基因在微宇宙水环境系统中的传播扩散。

表5-3 筛选到的可培养接合子种属

细菌种属	中文名称	菌株数	G+/G-
Acinetobacter	不动杆菌属	6	G-
Alcaligenes	产碱杆菌属	4	G-
Pseudomonas	假单胞菌属	5	G-
Salmonella	沙门菌属	2	G-
Microbacterium	微杆菌属	2	G+

注：G+表示革兰氏阳性菌；G-表示革兰氏阴性菌。

另外，通过对比接合子中革兰氏阳性菌（2株）和革兰氏阴性菌（17株）数量可以发现，水环境土著受体菌中革兰氏阴性菌更容易通过质粒RP4介导的水平转移获得抗性基因，从而使水环境中土著菌获得更多的抗性。土著菌携带抗生素抗性后，可能导致水环境中其他同属或跨属的细菌更容易获得这些抗性。值得关注的是，接合子中革兰氏阴性菌不动杆菌属和沙门菌属均为条件致病菌，这可能会增加抗生素抗性基因向人类致病菌传播的风险，从而对人类健康产生威胁。

（三）接合子的最小抑菌浓度（MICs）分析

接合子的MICs为采用琼脂稀释法测定的抗生素的最低抑菌浓度。MICs为与对照组相比，细菌生长被完全（100%）抑制下每种抗生素的最低浓度。对发生水平转移后的接合子和土著受体菌同时进行8种抗生素和4种重金属的最小抑菌浓度实验，图5-5展示了所有的分离菌中MICs值的范围。可培养的接合子（携带RP4质粒）对所有抗生素和重金属的最低抑菌浓度（MICs）显著高于可培养的土著受体菌。

可培养的接合子对氨苄西林、卡那霉素、四环素显示出更强的耐药性，这归因于重金属诱导多重耐药质粒RP4（Ap^R、Km^{R}和Tc^R）向土著受体菌进行了水平转移。可培养的接合子对其他抗生素（磺胺二甲嘧啶、环丙沙星、罗红霉素和金霉素）和重金属（Cu、Cd、Pb和Zn）的抗性也明显增强，这可能是重金属诱导的其他可移动遗传元件（如质粒、转座子和整合子）介导的水平转移的结果。可移动遗传元件在环境ARGs水平转移中起重要作用。Yu等人研究了城市生活垃圾填埋场渗滤液中四类可移动遗传元件（MGEs）与ARGs的关系，结果显示随填埋年限的增加，ARGs的含量显著增加，且MGEs与ARGs的含量显著相关，Wu和Su等人对ARGs和MGEs的相关分析研究也得到了相似的结果，即ARGs和MGEs之间存在正相关关系。

对比受体菌和接合子对各类抗生素和重金属的MICs的颜色变化程度可以发现，同属细菌对氨芐西林、卡那霉素、四环素的颜色变化较其他抗生素和重金属更明显，说明同属细菌对质粒RP4所携带的三种抗性变化最为明显。因此，可以推断重金属诱导多重耐药质粒RP4（Ap^R、Km^{R}和Tc^R）发生水平转移的作用最为显著。

就不同种属的细菌而言，受体菌中微杆菌属（Microbacterium spp.，G$^+$）对抗生素和重金属最为敏感，而其他菌属细菌的敏感性次之。接合子中沙门菌属（Salmonella spp.，G$^-$）对抗生素和重金属的敏感度较微杆菌属（Microbacterium spp.，G$^+$）略高。所有菌属的细菌中，接合子和受体菌中对抗生素和重金属敏感度最低的均为不动杆菌属（Acinetobacter spp.，G$^-$），其次分别为产碱杆菌属（Alcaligenes spp.，G$^-$）和假单胞菌属（Pseudomonas spp.，G$^-$）。由此可以看出，革兰氏阴性菌较革兰氏阳性菌更容易接受抗生素抗性基因的转移扩散，从而获得耐药性。

第六章　水资源管理

第一节　水资源管理概述

一、水资源管理的内涵与原则

（一）水资源管理的内涵

同水资源概念一样，目前尽管我们经常提到水资源管理的概念，但学术界对其认识还没有统一。《中国大百科全书》在不同的卷中对水资源管理有不同的解释。在水利卷中水资源管理是：水资源开发利用的组织、协调、监督和调度。运用行政、法律、经济技术和教育等手段，组织各种社会力量开发水利和防治水害；协调社会经济发展与水资源开发利用之间的关系，处理各地区、各部门之间的用水矛盾；监督、限制不合理地开发水资源和危害水源的行为；制订供水系统和水库工程的优化调度方案，科学分配水量（陈家琦等，水利卷）。在环境科学卷中，水资源管理的定义为：为防止水资源危机，保证人类生活和经济发展的需要，运用行政、技术、立法等手段对淡水资源进行管理的措施。水资源管理工作的内容包括调查水量，分析水质，进行合理规划、开发和利用，保护水源，防止水资源衰竭和污染等；同时也涉及水资源密切相关的工作，如保护森林、草原、水生生物，植树造林，涵养水源，防止水土流失，防止土地盐渍化、沼泽化、沙化等（李宪法等，环境科学卷）。从目前的角度来看，这些定义有一定的合理性，但毋庸置疑，也存在明显的缺陷，主要表现在：从整体上来看，这些定义以水资源开发作为主线，保护的目的是更好地开发，保护为开发服务，"保护"处于被动的地位；视野相对狭窄，此概念大多只局限于水资源本身，缺乏复合系统下对水资源的综合认识，只是单纯地以水论水；生态环境的意识不足；资源高效利用问题；概念烦琐。在解释概念的同时将水资源管理所包含的内容也纳入进去，没有进行精确化。

1996年，联合国教科文组织国际水文计划工作组将可持续水资源管理定义为："支撑从现在到未来社会及其福利而不破坏他们赖以生存的水文循环及生态系统的稳定性的水的管理与使用。

（二）水资源管理的原则

水资源管理是由国家行政主管部门组织实施的、带有一定行政行为的管理，对一个国家和地区的生存和发展有着极为重要的作用。加强水资源管理，必须遵循以下原则：

1.坚持依法治水的原则

为了合理开发利用和有效保护水资源，防治水害，以充分发挥水资源的综合效益，必须遵守有关法律和规章制度，如《中华人民共和国水法》《中华人民共和国水污染防治法》《中华人民共和国水土保持法》《中华人民共和国环境保护法》等。这是水资源管理的法律依据。

2.坚持水是国家资源的原则

水，是国家所有的一种自然资源。水资源虽然可以再生，但它毕竟是有限的。过去，人们习惯认为水是取之不尽、用之不竭的。实际上，这是不科学的、糊涂的认识，它可能会导致人们无计划、无节制地用水，从而造成水资源的浪费。加强水资源管理，首先应该从观念上认识到水是一种有限的宝贵资源，必须加以精心管理和保护。

3.坚持整体考虑、系统管理的原则

如前所述，地球上的水大部分不能被人类所利用，人类所能利用的水资源仅仅占地球上水量的很小一部分。这很小一部分的水资源总是有限的。因此，某一地区、某一部门随便滥用水资源，可能会影响相邻地区或部门用水；某一地区、某一部门随便排放废水、污水，也可能会影响相邻地区或部门用水。必须从整体上来考虑水资源，系统管理水资源，避免各自为政、损人利己、强占滥用的水资源管理现象。

4.坚持用水资源价格来进行经济管理的原则

长期以来，人们认为水是一种自然资源，是无价值的，可以无偿占有和使用，因此常导致水资源的滥用，浪费极大。从经济的手段来加强水资源管理是可行的。水本身是有价值的，可以通过合理制定水资源价格来宏观调控各行各业用水，达到水资源合理分配、合理利用的目标。

（三）现行水资源管理的准则

从一般的科学意义和社会实践的观点看，科学准则是一个范例，它浓缩了与科学基准有关的所有导则与规范。可以说，它是在共识的基础上，从理论到实践应遵循的行为准则。从科学的发展史可以看出，所发生的"科学革命"常会带动科学准则及范例的变化，有时也会引起重要概念的解释发生变化。比如，在物理学中，爱因斯坦相对论的提出和普朗克等一批科学家的量子力学的提出，打破了传统力学的科学理论与思维模式。又如，20世纪70年代，由普利高津提出的耗散结构理论，对传统牛顿体系产生了很大的冲击。就现行的水资源规划与管理的准则而言，主要考虑的是：

1.经济效益

经济效益是目前水资源规划与管理所追求的首要目标之一，有时甚至是在满足约束条件下的唯一目标。通常的做法是将水资源分配量作为决策变量，以水资源带来的经济效益为目标函数，其他条件作为约束，建立优化模型，从而得到最优决策方案。因此，追求经济效益就成为现行水资源管理的准则之一。

2.技术效率

技术上可行、效率较高是现行水资源管理的另一个准则。它要求选定的水资源管理方案，在技术上是可行的，并且使用效率较高。如果技术上不可行，再好的水资源管理方案也是不可取的。另外，如果技术上需要很大的代价才能实现，也就是说，使用效率不高时，这样的水资源管理方案也是很难实施的。

3.实施的可靠性

由于水资源系统广泛存在着内在的、外在的影响因素，在制订水资源管理方案和实施水资源管理措施时，要分析实施的可靠性。尽可能抓住影响实施的主要因素，分析实施的可靠性，寻找有效的对策以保证具体方案的实施。这些行为准则尽管仍然被现行水资源管理所应用，但是，就现状而言，已经不能满足可持续发展目标下的水资源管理的要求，迫切需要逐步转变到新的行为准则上来。这就是后面章节将要介绍的可持续发展新的准则问题。

二、水资源管理目标

随着世界人口的不断增加，水资源开发规模日益扩大，地区、部门之间的用水矛盾更加尖锐，经济发展与生态环境保护冲突日益加剧。在这种形势下，人们不得不更加注重社会、经济、水资源、环境间的协调，地区、部门之间的用水协调，现代与未来的协调。这就向经典的水资源管理方法提出了挑战，具体表现在以下几方面：

1.需要加强水资源统一规划和管理的研究，包括水质和水量统一管理、地表水和地下水统一管理、工业用水和农业用水统一管理、流域上游与下游统一管理等。

2.需要把水资源管理与社会进步、经济发展、环境保护相结合进行研究。这是水资源管理的必然要求。

3.在现代的水资源管理过程中，需要考虑长远的效益和影响，包括对后代人用水的考虑。为了适应目前的形势，必须站在可持续发展的高度来看待水资源管理问题。水资源管理应以可持续发展为基本指导思想。面向可持续发展的水资源管理的目标是：为社会经济的发展和生态环境的保护提供源源不断的水资源，实现水资源在当代人之间、当代人与后代人之间以及人类社会与生态环境之间公平合理的分配。因此，实现水资源可持续利用是水资源管理的中心目标。根据水资源管理目标，针对复杂的大系统，需要遵循可持续发展原则，在一定约束条件下，建立水资源管理优化模型，寻找合理的水资源管理方案。

三、水资源管理的技术与方法

（一）水资源管理的几个基本技术问题

水资源管理除精心管理有限资源，周密制定和实施正确的水政策、水管理体制和制度、法律等之外，还必须对管理技术、方法认真研究和对待，才能不断提高管理水平，发挥管理的最佳功能。现代的水资源系统是生态经济复合系统的专业子系统，涉及国计民生、生态环境等诸多自然、社会因素，错综复杂，蕴藏着优化管理的巨大潜力。根据现实的认识，有几个事关水管理的基本问题值得提出和研讨。

1.国家或地区的水资源评价问题

它是一项摸清一个国家或地区水资源家底的工作，对全社会的可持续发展有重要的意义。这项评定工作主要包括水资源量、质量、时空分布等变化规律及开发、利用、保护、整治条件的分析与评定，以预示供持续发展需要的可能范围与规模。同时，它也是水资源持续利用和以下各项管理技术问题研究的依据与基础。

2.国家或地区水资源承载能力问题

它是指在一定的地区条件（包括自然与社会条件）下，水资源能满足人口、资源、环境与经济协调发展的极限支撑能力。一个地区的水资源数量基本上是一个常数，但通过人的优化管理，对地区发展所起的作用是不同的。或者说，一定数量的水资源对不同地区、不同的管理，它的极限支撑能力是大不一样的。即使这种不可替代的水资源达到了极限，还可以调整人类活动，保持地区的一定发展，使水资源能够继续地利用下去。

3.国家或地区的水资源优化配置问题

水资源优化配置的过程是人类对水资源及其环境进行重新布局和分配的过程，也是人类对自然进行干预的过程。它既可对生态环境产生良好的影响，促进经济、社会持续发展，也可导致生态环境恶化，影响经济、社会正常发展。因此，水资源的配置，事关生态经济系统的兴衰，更影响对可持续发展战略支撑能力的强弱，是优化管理的重要内容。水资源配置有宏观、微观之分，如跨流域的南水北调（分东、中、西三线），属宏观范畴；水资源经营、使用企业的水资源优化分配、水价管理等属于微观范畴。根据我国可持续发展战略要求，水资源的配置方式，将是宏观调控与市场配置相结合的协调配置方式，这是最科学、合理的资源配置方式。

4.水资源价值、价格和国民经济核算体制的管理问题

没有凝聚劳动的天然水资源和投入劳动开发提供利用的水资源均具有价值的认识，已被学术界多数人所接受，但理论研究尚需深入。水资源价格与价值的背离，迄今仍是不珍惜水、不节约水、污染水、浪费水的根源之一。依靠市场机制调整水资源的价格是管理的一个方面随着可持续发展的进程，主动研究预测水价格的变化动态，制定合理的水价，始终应是水管理的一项重要任务。现行国民经济增长指标既不反映经济增长导致的生态破坏、环境恶化与资源代价，也不反映资源存量与质量下降和盈亏的程度，是实施可持续发展战略不能允许的。因此，研究如何将水资源纳入国民经济核算体系也是管理中的一项重要任务。

5.水资源管理决策中可持续发展影响评价问题

水资源持续利用不仅要以可持续利用方式对其进行有效的使用与管理，而且还应建立一种政策分析机制，以便能长久地调整或评价现行和未来的政策动向，审查水资源管理政策如何有利于水资源管理总体可持续发展。因此，综合评价水资源开发和管理活动及其对可持续发展的影响是水资源管理中一项非常重要的工作。一般来说，任何一个复杂系统的决策问题，不论它是怎样生成的可行方案，都要通过技术、经济、环境（包括自然与社会的）诸多准则进行分析评价，从中选出满意方案，作为最终决策。因而，评价在任何决策中的作用是非常重要的。任何一项有意义的水事活动，如开发、治理、保护水资源和水环境工程，生态经济发展战略，自然资源管理政策等，均需进行可持续发展影响评价（SDIA）。它不仅对保持环境与经济协调、持续发展有重要意义，而且对制定自然资源价格（包括水价格）、推动水资源合理利用（开源与节流）、综合开发均有很大意义。

对于水资源可持续利用和发展的影响评价方法，目前还未见到，需进一步研究。但是，采用定性分析与定量分析相结合、系统分析与经验相结合、理论与实践相结合的方法论，结合不同类型的水资源、环境与经济问题，现在已有的一些

方法与技术还是可以选用的。据此,我们认为下述几类方法:经济分析方法、系统分析及有关数学类的方法、智能综合评价的决策支持系统的近代方法与技术,都是可以尝试或搭配使用的。

(二) 水资源管理的优化与模拟技术

在建立有关管理的数学模型及满足所有约束条件下,使目标函数最大或最小的过程.就是所谓的最优化或最优化程序。这种最优化技术有单目标和多目标优化方法,前者根据最优规则可求得最优解,后者则要依据满意规则求出非劣解集,从中选出满意解。模拟技术也是广义的优化技术,它们都是为制定正确决策提供依据的技术支撑,也是优化管理常用的技术。水资源系统开发与管理问题是一个十分复杂的系统分析问题。迄今应用于水资源规划与管理中的优化方法,至少可总结出下列一些类别:

1.没有约束的优化方法

2.有等式约束的优化方法

3.线性规划方法

4.非线性规划法

数学模型中的目标函数或约束条件中有非线性数存在的数学规划问题就称为非线性规划。现实世界中,许多实际问题,包括水资源规划、管理的决策问题,多属于非线性规划问题。就数学方法而言,它是其他数学规划和方法的基础,线性规划就是它的一个特例。就非线性规划求解方法而言,迄今并没有一个通用解法。因此,只能针对不同的非线性规划问题,采用不同的优化技术,以求节省存储量及计算时间。对非线性规划的解法很多,而且还在发展中.但大体可有两类解法,即解析法(也称间接法)和数值法(也称直接法)。按问题的性质,应用这两类解法的方法有:对无约束优化方法有梯度法、牛顿法、共轭梯度法等(属解析法)和坐标轮换法、模矢搜索法、单纯形法等(属数值法);对有约束的优化方法有利用最优性条件的拉格朗日乘子法和库恩-塔克条件法,还有罚函数法、线性化方法等。在解决复杂问题时,这些方法还可联合运用。

5.动态规划法

当资源规划与管理系统考虑时间变量影响时,即涉及发展、变化、演进过程时,就需要应用动态规划求解优化问题了。它是数学规划中用来求解多阶段决策过程最优策略的有力工具,而且应用范围广,不论连续与非连续系统、线性与非线性系统、确定性和随机性系统,只要构成多阶段决策问题,都可用动态规划求解其最优策略。任何一个多阶段决策过程都是由阶段、状态、决策、状态转移以及效益费用函数所组成的,其中对状态设置必须满足演化、预知和无后效性要求,构造动态规划模型及求解方法均可按照通用的程序进行。值得一提的是，当每阶段中的状态、决策变量超过两个多维变量时，维数障碍就发生了。为了降维而产生了不少的动态规划算法，如逐次渐近法（DPSO）、状态增量动态规划法（IDP）、微分动态规划法（DDP）、离散微分动态规划法（DDDP）、双状态动态规划法（BSDP）、渐近优化算法（POA）等。

6.模拟技术

以上的优化技术，从系统工程或系统分析看，是解析技术；还有一种优化技术是数字模拟技术或计算机模拟技术。后者也是水管理广泛应用的一种优化技术。"模拟"一词应用范围非常广泛。这里所说的模拟指的是数字模拟或计算机模拟，即利用计算机模拟程序，进行仿造真实系统运动行为实验，通过有计划地改变模拟模型的参数或结构，便可选择较好的系统结构和性能，从而确定真实系统的最优运行策略。面向可持续发展的水资源开发与管理系统的优化，由于考虑人口、资源、环境与经济的协调发展，因素多，涉及面广，往往难以应用数学规划方法求解（受数学模型限制），而模拟技术无论数学模型如何复杂，通常都可对模型进行模拟试验，从而得到一般意义下的优化结果。有关模拟模型的类别、基本内容和方案选优等不再赘述。

7.多目标优化方法

任何一个面向可持续发展的水资源开发与管理系统的目标至少有三个，即经济目标、社会目标和环境目标，要使这三个目标综合最佳，就是一个多目标优化问题。它不仅在水资源系统广泛使用，而且对客观现实的一些优化问题也是普遍适用的。多目标优化问题，从数学规划的角度看，是一个向量优化问题。其解区别于单目标的解，称为非劣解，不是唯一的。孰优孰劣，如何选择最终解？主要取决于决策者对某个解（方案）的偏好、价值观和对风险的态度。生成多目标非劣解的基础是向量优化理论，决定方案取舍的依据是效用理论，这两个理论，就是多目标优化问题的基础。

求解多目标优化问题的技术很多，大体上分为三类：一类是非劣解生成技术；第二类是结合偏好的决策技术；第三类是结合偏好的交互式决策技术。这种分类法不是唯一的.可参考有关多目标（多准则）的学术著作。以上列举的一些优化方法是水资源系统和解决其他一些实际问题最常用的、比较成熟的方法。近些年来蓬勃发展的人工神经网络、遗传算法等也可作为优化的方法。

第二节　国内外水资源管理概况

水资源是生态环境中不可缺少的最活跃的要素，是人民生活和经济社会建设发展的基础性自然资源和战略性经济资源，面对不断加剧的水资源危机，世界各国都必须不断加强水资源管理，构建适应可持续发展要求的水资源管理体系。

一、国外水资源管理概况

世界上不同国家的水资源管理都有自己的特点，其中美国、法国、澳大利亚和以色列的水资源管理概况如下：

（一）美国水资源管理

1.水资源概况

美国水资源比较丰富，在936.3万 km^2 的国土面积上，多年平均年降水量为760mm，东部多雨，年降雨量为800～2000mm，部分地区达到2500mm；西部干旱少雨，年降雨量一般在500mm以下，部分地区仅5～100mm。全国河川年径流总量为29702亿 m^3，径流总量居世界第4位。

2.水资源管理概况

美国水资源管理机构，分为联邦政府机构、州政府机构和地方（县、市）三级机构在州政府一级强调流域与区域相结合，突出流域机构对水土资源开发利用与保护的管理与协调职能。1965年根据《水资源规划法》成立了直属总统领导、内政部长为首的水资源理事会，水资源理事会系部一级的权力机构，负责制定统一的水政策，全面协调联邦政府、州政府、地方政权、私人企业和组织的涉水工作，促进水资源和土地资源的保护管理及开发利用。

经过多年的发展，美国的水资源管理形成了如下特点：由重治理转为重预防，强调政府和企业及民众合作，研究开发对环境无害的新产品、新技术：重视水资源数据和情报的利用及分享；利用正规和非正规教育两种途径进行水资源教育。

（二）法国水资源管理

1.水资源概况

法国境内有塞纳河、莱茵河、罗纳河和卢瓦尔河等6大河。法国每年可更新的淡水约为1850亿 m^3，每人的可用水约为31903/a。法国水资源时空分布具有一定差异，部分地区干旱现象时有出现，但是，即使在干旱年份，干旱地区的年降雨量也没有低于600mm。

2.水资源管理概况

法国水管理体制包括国家级、流域级、地区级和地方级四个层面。法国水资源管理具有四项原则：水的管理应是总体的（或统筹的），既要管理地表水，又要管理地下水，既管水量又管水质，并要着眼于开发利用水资源的长远利益，考虑生态系统的物理、化学及生物学等的平衡；管理水资源最适宜范围是以流域为区域；水政策的成功实施要求各个层次的用户共同协商和积极参与；作为管理水的规章和计划的补充，应积极采用经济手段，具体讲就是谁污染谁付费、谁用水谁付费的原则。

法国水资源管理总结起来，主要有以下六个特点：注重水资源的权属管理；注重以法治手段来规范水资源管理；注重以流域为单元的水质水量综合管理；通过市场调节手段优化水资源配置；水资源管理决策的民主化；公司企业进行水资源项目经营管理。

（三）澳大利亚水资源管理

1.水资源概况

澳大利亚国土面积768.23万km^2，是一块最平坦、最干旱又是四面环水的大陆，年平均降雨量约460mm，雨量分布在地理上，季节上和年份上都差别很大。澳大利亚水资源总量为3430亿m^3，目前已开发利用量为15亿m^3，人均水资源量为18743m^3。人均水资源量居世界各国前50名，属水资源相对丰富的国家，但从国土范围平均看，水资源又很不丰富。

2.水资源管理概况

澳大利亚的水资源管理大体上分为联邦、州和地方三级，但基本上以州为主。澳大利亚各州对水资源管理都是自治的，各州都有自己的水法及水资源委员会或类似机构，负责水资源评价、规划、分配、监督、开发和利用；建设州内所有与水有关的工程，如供水灌溉、排水和河道整治等。

澳大利亚水资源管理具有如下三个特点：在联邦政府，水管理职能属于农林渔业部和环境部，联邦政府对于跨行政区域（州）的河流，实行流域综合管理；由各州负责自然资源的管理，州政府是所有水资源的拥有者，负责管理；州政府以下，各地设立水管理局，水管理局是水资源配额的授权管理者，包括城市和乡村水资源的管理。

（四）以色列水资源管理

1.水资源概况

以色列位于干旱缺水的中东地区，全国多年平均年水资源总量约为20亿m^3，人均水资源量不足340m/a，属于水资源严重缺乏的国家。

2.水资源管理概况

以色列人均水资源占有量只有世界平均水平的1/32，为了缓解水资源供需矛盾，以色列非常重视水资源管理。以色列对地表水和地下水实行联合调度、统一使用，地表水和地下水的开发利用均实行取水许可证制度，打井和开发地下水必须经过批准。以色列对农业、工业、生活用水的价格不同，水价由全国水利委会统一制定，实行超量加价管理办法。以色列在全国范围开展对所有可利用废水的开发、处理和回用工作。以色列是世界上废水处理利用率最高的国家，城市的废水回收处理率在40%以上。以色列水利委员会签署了一系列法规以降低水的消耗，推进节水设备的开发和利用。

二、国外水资源管理的经验借鉴

不同国家的水资源管理各有自己的特色，不同国家的水资源管理经验能够为中国水资源管理提供以下几个方面的借鉴意义。

（一）实行水资源公有制，增强政府控制能力

水资源的特点之一是具有公共性。目前，国际上普遍重视水资源的这一特点，提倡所有的水资源都应为社会所公有，为社会公共所用，并强化国家对水资源的控制和管理。

（二）完善水资源统一管理体制

水资源管理的一个原则就是加强水资源统一管理，完善水资源统一管理体制。统一管理和调配水资源，有利于保护和节约水资源，大大提高水资源的利用效益与利用效率。

（三）实行以取水许可制度或水权登记制度为核心的水权管理制度

实行以取水许可制度或水权登记制度为核心的水权管理制度，改变了人们长期以来任意取水和用水的历史习惯，实现国家水管理机关统一管理水权，合理统筹资源配置。

（四）重视立法工作

水资源法律管理是水资源管理的基础在进行水资源管理的过程中，必须坚持依法治水的原则，重视立法工作，正确制定水资源相关法律法规，是有效实施水资源管理的根本手段。

（五）引导和改变大众用水观念

水资源短缺是许多国家和地区面临的水问题之一，造成水资源短缺的其中一个原因就是水资源利用效率不高，水资源浪费严重，因此，必须采取各种措施，实行高效节约用水，改变大众用水观念。

（六）强调水环境的保护

水资源的不合理开发利用会对水环境造成破坏，应借鉴其他国家水环境管理的先进经验，避免走"先污染、后治理"的道路，保护水环境不被破坏。

三、中国水资源管理概况

中国是世界上开发水利、防治水患最早的国家之一。中华人民共和国成立后，水利建设有了很大发展。中国水资源管理概况如下：

国家对水资源实行流域管理与行政区域管理相结合的体制。国务院水行政主管部门负责全国水资源的统一管理和监督管理工作，水利部为国务院水行政主管部门。国务院水行政主管部门在国家确定的重要河流、湖泊设立的流域管理机构，在所管辖的范围内行使法律、行政法规规定的国务院水行政主管部门授予的水资源管理和监督管理职责。县级以上地方人民政府水行政主管部门按照规定的权限，负责本行政区域内水资源的统一管理和监督管理。国务院有关部门按照职责分工，负责水资源开发、利用、节约和保护的有关工作。县级以上地方人民政府有关部门按照职责进行分工，明确负责本行政区域内水资源开发、利用、节约和保护的有关工作。

全国水资源与水土保持工作领导小组负责审核大江大河的流域综合规划；审核全国水土保持工作的重要方针、政策和重点防治的重大问题；处理部门之间有关水资源综合利用方面的重大问题；处理协调省际的重大水事矛盾。

七大江河流域机构是水利部的派出机构，被授权对所在的流域行使《水法》赋予水行政主管部门的部分职责。按照统一管理和分级管理的原则，统一管理本流域的水资源和河道。负责流域的综合治理，开发管理具控制性的重要水利工程，搞好规划、管理、协调、监督、服务。促进江河治理和水资源的综合开发，利用和保护。

中国水资源管理主要实行以下九个基本制度：水资源优化配置制度；取水许可制度；水资源有偿使用制度；计划用水、超定额用水累进加价制度；节约用水制度；水质管理制度；水事纠纷调理制度；监督检查制度；水资源公报制度。

第三节　水资源法律管理

一、水资源法律管理的概念

水资源法律管理是水资源管理的基础，在进行水资源管理的过程中，必须通过依法治水才能实现水资源开发、利用和保护目的，满足社会经济和环境协调发展的需要。

水资源法律管理是以立法的形式，通过水资源法规体系的建立，为水资源的开发、利用、治理、配置、节约和保护提供制度安排，调整与水资源有关的人与人的关系，并间接调整人与自然的关系。

水法有广义和狭义之分，狭义的水法是《中华人民共和国水法》。广义的水法是指调整在水的管理、保护、开发、利用和防治水害过程中所发生的各种社会关系的法律规范的总称。

二、水资源法律管理的作用

水资源法律管理的作用是借助国家强制力，对水资源开发、利用、保护、管理等各种行为进行规范，解决与水资源有关的各种矛盾和问题，实现国家的管理目标。具体表现在以下几个方面：规范、引导用水部门的行为，促进水资源可持续利用；加强政府对水资源的管理和控制，同时对行政管理行为产生约束；明确的水事法律责任规定，为解决各种水事冲突提供了法律依据；有助于提高人们保护水资源和生态环境的意识。

三、中国水资源管理的法规体系构成

中国在水资源方面颁布了大量具有行政法规效力的规范性文件，如《中华人民共和国水法》《中华人民共和国水污染防治法》《中华人民共和国水土保持法》《中华人民共和国防洪法》《中华人民共和国环境保护法》《中华人民共和国河道管理条例》和《取水许可证制度实施办法》等一系列法律法规，初步形成了一个由中央到地方、由基本法到专项法再到法规条例的多层次的水资源管理的法规体系。按照立法体制、效力等级的不同，中国水资源管理的法规体系构成如下：

（一）宪法中有关水的规定

宪法是一个国家的根本大法，具有最高法律效力，是制定其他法律法规的依据。《中华人民共和国宪法》中有关水的规定也是制定水资源管理相关的法律法规的基础。《中华人民共和国宪法》第9条第1.2款分别规定，"水流属于国家所有，即全民所有"，"国家保障自然资源的合理利用工这是关于水权的基本规定以及合理开发利用、有效保护水资源的基本准则。对于国家在环境保护方面的基本职责和总政策，第26条做了原则性的规定，"国家保护和改善生活环境和生态环境，防治污染和其他公害"。

（二）全国人大制定的有关水的法律

由全国人大制定的有关水的法律主要包括与（水）资源环境有关的综合性法律和有关水资源方面的单项法律。目前，中国还没有一部综合性资源环境法律，《中华人民共和国环境保护法》可以认为是中国在环境保护方面的综合性法律；《中华人民共和国水法》是中国第一部有关水的综合性法律，是水资源管理的基本大法。针对中国水资源洪涝灾害频繁、水资源短缺和水污染现象严重等问题，中国专门制定了《中华人民共和国水污染防治法》《中华人民共和国水土保持法》和《中华人民共和国防洪法》等有关水资源方面的单项法律，为中国水资源保护、水土保、洪水灾害防治等工作的顺利开展提供法律依据。

1.《中华人民共和国水法》

《中华人民共和国水法》于1988年1月21日第六届全国人民代表大会常务委员会第24次会议审议通过，于2002年8月29日第九届全国人民代表大会常务委员会第二十九次会议修订通过，修订后的《中华人民共和国水法》自2002年10月1日起施行。

《中华人民共和国水法》包括八章：总则（第一章）、水资源规划（第二章）、水资源开发利用（第三章）、水资源、水域和水工程的保护（第四章）、水资源配置和节约使用（第五章）、水事纠纷处理与执法监督检查（第六章）、法律责任（第七章）、附则（第八章）。

2.《中华人民共和国环境保护法》

《中华人民共和国环境保护法》于1989年12月26日第七届全国人民代表大会常务委员会第十一次会议通过，从1989年12月26日起施行。

《中华人民共和国环境保护法》包括六章：总则（第一章）、环境监督管理（第二章）、保护和改善环境（第三章）、防治环境污染和其他公害（第四章）、法律责任（第五章）、附则（第六章）口《中华人民共和国环境保护法》是为保护和改善生活环境与生态环境，防治污染和其他公害，保障人体健康，促进社会主义现代化建设的发展而制定的。《中华人民共和国环境保护法》中的环境，是指影响人类生存和发展的各种天然的和经过人工改造的自然因素的总体，包括大气、水、海洋、土地、矿藏、森林、草原、野生生物。自然遗迹、人文遗迹、自然保护区、风景名胜区、城市和乡村等。《中华人民共和国环境保护法》适用于中华人民共和国领域和中华人民共和国管辖的其他海域。

3.《中华人民共和国水污染防治法》

《中华人民共和国水污染防治法》于1984年5月11日第六届全国人民代表大会常务委员会第五次会议通过，根据1996年5月15日第八届全国人民代表大会常务委员会第十九次会议（关于修改《中华人民共和国水污染防治法》的决定）修正，2008年2月28日第十届全国人民代表大会常务委员会第三十二次会议修订。

《中华人民共和国水污染防治法》包括八章：总则（第一章）、水污染防治的标准和规划（第二章）、水污染防治的监督管理（第三章）、水污染防治措施（第四章）、饮用水水源和其他特殊水体保护（第五章）、水污染事故处置（第六章）、法律责任（第七章）、附则（第八章）。《中华人民共和国水污染防治法》是为了防治水污染，保护和改善环境，保障饮用水安全，促进经济社会全面协调可持续发展而制定的；《中华人民共和国水污染防治法》适用于中华人民共和国领域内的江河、湖泊、运河、渠道、水库等地表水体以及地下水体的污染防治；水污染防治应当坚持预防为主、防治结合、综合治理的原则，优先保护饮用水水源.严格控制工业污染、城镇生活污染，防治农业面源污染，积极推进生态治理工程建设，预防、控制和减少水环境污染和生态破坏。

4.《中华人民共和国水土保持法》

《中华人民共和国水土保持法》于1991年6月29日第七届全国人民代表大会常务委员会第二十次会议通过，2010年12月25日第十一届全国人民代表大会常务委员会第十八次会议修订，修订后的《中华人民共和国水土保持法》自2011年3月1日起施行。

《中华人民共和国水土保持法》包括七章：总则（第一章）、规划（第二章）、预防（第三章）、治理（第四章）、监测和监督（第五章）、法律责任（第六章）、附则（第七章）。《中华人民共和国水土保持法》是为了预防和治理水土流失，保护和合理利用水土资源，减轻水、旱、风沙灾害，改善生态环境，保障经济社会可持续发展而制定的；在中华人民共和国境内从事水土保持活动，应当遵守本法。《中华人民共和国水土保持法》中的水土保持，是指对自然因素和人为活动造成水土流失所采取的预防和治理措施。水土保持工作实行预防为主、保护优先、全面规划、综合治理、因地制宜、突出重点、科学管理、注重效益的方针。

5.《中华人民共和国防洪法》

《中华人民共和国防洪法》于1997年8月9日第八届全国人民代表大会常务委员会第二十七次会议通过，自1998年1月1日起施行。

《中华人民共和国防洪法》包括八章：总则（第一章）、防洪规划（第二章）、治理与防护（第三章）、防洪区和防洪工程设施的管理（第四章）、防汛抗洪（第五章）、保障措施（第六章）、法律责任（第七章）、附则（第八章）。《中华人民共和国防洪法》是为了防治洪水，防御、减轻洪涝灾害，维护人民的生命和财产安全，保障社会主义现代化建设顺利进行而制定的。防洪工作实行全面规划、统筹兼顾、预防为主，综合治理、局部利益服从全局利益的原则。

（三）由国务院制定的行政法规和法规性文件

由国务院制定的与水相关的行政法规和法规性文件内容涉及水利工程的建设和管理水污染防治、水量调度分配、防汛、水利经济和流域规划等众多方面。如《中华人民共和国河道管理条例》和《取水许可证制度实施办法》等，与各种综合、单项法律相比，国务院制定的这些行政法规和法规性文件更为具体、详细，操作性更强。

1.《中华人民共和国河道管理条例》

《中华人民共和国河道管理条例》于1988年6月3日国务院第七次常务会议通过，从1988年6月10日起施行。

《中华人民共和国河道管理条例》包括七章：总则（第一章）、河道整治与建设（第二章）、河道保护（第三章）、河道清障（第四章）、经费（第五章）、罚则（第六章）、附则（第七章）。《中华人民共和国河道管理条例》是为加强河道管理，保障防洪安全，发挥江河湖泊的综合效益，根据《中华人民共和国水法》而制定的。《中华人民共和国河道管理条例》适用于中华人民共和国领域内的河道（包括湖泊、人工水道、行洪区、蓄洪区、滞洪区）。

2.《取水许可证制度实施办法》

《取水许可证制度实施办法》于1993年6月11日国务院第五次常务会议通过，自1993年9月1日施行。

《取水许可证制度实施办法》（15）分为38条条款。《取水许可证制度实施办法》是为加强水资源管理，节约用水，促进水资源合理开发利用，根据《中华人民共和国水法》而制定的：《取水许可证制度实施办法》中的取水，是指利用水工程或者机械提水设施直接从江河、湖泊或者地下取水。一切取水单位和个人，除本办法第三条、第四条规定的情形外，都应当依照本办法申请取水许可证，并依照规定取水。水工程包括闸（不含船闸）、坝、跨河流的引水式水电站、渠道、人工河道、虹吸管等取水、引水工程。取用自来水厂等的水，不适用本办法。

《取水许可证制度实施办法》第三条，下列少量取水免予申请取水许可证：

（1）为家庭生活、畜禽饮用取水的；

（2）为农业灌溉少量取水的；

（3）用人力、畜力或者其他方法少量取水的：少量取水的限额由省级人民政府规定。

《取水许可证制度实施办法》第四条，下列取水免予申请取水许可证：

（1）为农业抗旱应急必须取水的；

（2）为保障矿井等地下工程施工安全和生产安全必须取水的；

（3）为防御和消除对公共安全或者公共利益的危害必须取水的。

（四）由国务院所属部委制定的相关部门行政规章

由于中国水资源管理在很长的一段时间内实行的是分散管理的模式，因此，不同部门从各自管理范围、职责出发，制定了很多与水有关的行政规章，以环境保护部门和水利部门分别形成的两套规章系统为代表。环境保护部门侧重水质、水污染防治，主要是针对排放系统的管理，制定的相关行政规章有《环境标准管理》和《全国环境监测管理条例》等；水利部门侧重水资源的开发、利用，制定的相关行政规章有《取水许可申请审批程序规定》《取水许可水质管理办法》和《取水许可监督管理办法》等。

（五）地方性法规和行政规章

中国水资源的时空分布存在很大差异，不同地区的水资源条件、面临的主要水资源问题，以及地区经济实力等都各不相同，因此，水资源管理需因地制宜地展开，各地方可指定与区域特点相符合、能够切实有效解决区域问题的法律法规和行政规章。目前中国已经颁布很多与水有关的地方性法规、省级政府规章及规范性文件。

（六）其他部门中相关的法律规范

水资源问题涉及社会生活的各个方面，其他部门中相关的法律规范也适用于水资源法律管理，如《中华人民共和国农业法》和《中华人民共和国土地法》中的相关法律规范。

（七）立法机关、司法机关的相关法律解释

立法机关、司法机关对以上各种法律、法规、规章、规范性文件做出的说明性文字，或是对实际执行过程中出现的问题解释、答复，也是水资源管理法规体系的组成部分。

（八）依法制定的各种相关标准

由行政机关根据立法机关的授权而制定和颁布的各种相关标准，是水资源管理法规体系的重要组成部分，如《地表水环境质量标准》《地下水质量标准》和《生活饮用水卫生标准》等。

第四节　水资源水量及水质管理

一、水资源水量管理

（一）水资源总量

水资源总量是地表水资源量和地下水资源量两者之和，这个总量应是扣除地表水与地下水重复量之后的地表水资源和地下水资源天然补给量的总和。由于地表水和地下水相互联系和相互转化，故在计算水资源总量时，需将地表水与地下水相互转化的重复水量扣除。

用多年平均河川径流量表示的中国水资源总量27115亿 m^3，居世界第六位，仅次于巴西、俄罗斯、美国、印度尼西亚、加拿大，水资源总量比较丰富。

水资源总量中可能被消耗利用的部分称为水资源可利用量，包括地表水资源可利用量和地下水资源可利用量，水资源可利用量是指在可预见的时期内，在统筹考虑生活、生产和生态环境用水的基础上，通过经济合理、技术可行的措施，在当地水资源中可一次性利用的最大水量。

（二）水资源供需平衡管理

水是基础性的自然资源和战略性地经济资源，是生态环境的控制性要素。水资源的可持续利用，是城市乃至国家经济社会可持续发展极为重要的保证，也是维护人类环境极为重要的保证。中国人均、亩均占有水资源量少，水资源时空分布极为不均匀。特别是西北干旱、半干旱区，水资源是制约当地社会经济发展和生态环境改善的主要因素。

1.水资源供需平衡分析的意义

城市水资源供需平衡分析是指在一定范围内（行政、经济区域或流域）不同时期的可供水量和需水量的供求关系分析。其目的：一是通过可供水量和需水量的分析，弄清楚水资源总量的供需现状和存在的问题；二是通过不同时期、不同部门的供需平衡分析，预测未来了解水资源余缺的时空分布；三是针对水资源供需矛盾，进行开源节流的总体规划，明确水资源综合开发利用保护的主要目标和方向，以实现水资源的长期供求计划。因此，水资源供需平衡分析是国家和地方政府制定社会经济发展计划和保护生态环境必须进行的行动，也是进行水资源工程和节水工程建设，加强水资源、水质和水生态系统保护的重要依据开展此项工作，有助于使水资源的开发利用获得最大的经济、社会和环境效益，满足社会经济发展对水量和水质日益增长的要求，同时在维护资源的自然功能，以及维护和改善生态环境的前提下，实现社会经济的可持续发展，使水资源承载力、水环境承载力互相协调。

2.水资源供需平衡分析的原则

水资源供需平衡分析涉及社会、经济、环境生态等方面，不管是从可供水量还是需水量方面分析，牵涉面广且关系复杂。因此，水资源供需平衡分析必须遵循以下原则：

（1）长期与近期相结合原则

水资源供需平衡分析实质上就是对水的供给和需求进行平衡计算。水资源的供与需不仅受自然条件的影响，更重要的是受人类活动的影响。在社会不断发展的今天，人类活动对供需关系的影响已经成为基本的因素，而这种影响又随着经济条件的不断改善而发生阶段性的变化。因此，在做水资源供需平衡分析时，必须有中长期的规划，做到未雨绸缪，不能临渴掘井。

在对水资源供需平衡做具体分析时，根据长期与近期原则，可以分成几个分析阶段：

①现状水资源供需分析，即对近几年来本地区水资源实际供水、需水的平衡情况.以及在现有水资源设施和各部门需水的情况下，对本地区水资源的供需平衡情况进行分析；

②今后五年内水资源供需分析，它是在现状水资源供需分析的基础上结合国民经济五年计划对供水与需求的变化情况进行供需分析；

③今后10年或20年内水资源供需分析，这项工作必须紧密结合本地区的长远规划来考虑，同样也是本地区国民经济远景规划的组成部分。

（2）宏观与微观相结合原则

即大区域与小区域相结合，单一水源与多个水源相结合，单一用水部门与多个用水部门相结合。水资源具有区域分布不均匀的特点，在进行全省或全市（县）的水资源供需平衡分析时，往往以整个区域内的平衡值来计算，这就势必造成全局与局部矛盾。大区域内水资源平衡了，各小区域内可能有亏有盈。因此，在进行大区域的水资源供需平衡分析后，还必须进行小区域的供需平衡分析，只有这样才能反映各小区域的真实情况，从而提出切实可行的解决措施。

在进行水资源供需平衡分析时，除了对单一水源地（如水库、河闸和机井群）的供需平衡加以分析外，更应重视对多个水源地联合起来的供需平衡进行分析，这样可以最大限度地发挥各水源地的调节能力和提高供水保证率。

由于各用水部门对水资源的量与质的要求不同，对供水时间的要求也相差较大。因此在实践中许多水源是可以重复交叉使用的。例如，内河航运与养鱼、环境用水相结合，城市河湖用水、环境用水和工业冷却水相结合等。一个地区水资源利用得是否科学，重复用水量是一个很重要的指标。

因此，在进行水资供需平衡分析时，除考虑单一用水部门的特殊需要外，本地区各用水部门应综合起来统一考虑，否则往往会造成很大的损失。这对一个地区的供水部门尚未确定安置地点的情况尤为重要。这项工作完成后可以提出哪些部门设在上游，哪些部门设在下游，或哪些部门可以放在一起等合理的建议，为将来水资源合理调度创造条件。

（3）科技、经济、社会三位一体统一考虑原则

对现状或未来水资源供需平衡的分析都涉及技术和经济方面的问题、行业间的矛盾，以及省市之间的矛盾等社会问题。在解决实际的水资源供需不平衡的许多措施中，被采用的可能是技术上合理，而经济上并不一定合理的措施；也可能

是矛盾最小，但技术与经济上都不合理的措施。因此，在进行水资源供需平衡分析时，应统一考虑以下三种因素，即社会矛盾最小、技术与经济都比较合理，并且综合起来最为合理（对某一因素而言并不一定是最合理的）。

（4）水循环系统综合考虑原则

水循环系统指的是人类利用天然的水资源时所形成的社会循环系统。人类开发利用水资源经历三个系统：供水系统、用水系统、排水系统。这三个系统彼此联系、相互制约。从水源地取水，经过城市供水系统净化，提升至用水系统；经过使用后，受到某种程度的污染流入城市排水系统；经过污水处理厂处理后，一部分退至下游，一部分达到再生水回用的标准重新返回到供水系统中，或回到用户再利用，从而形成了水的社会循环。

3.水资源供需平衡分析的方法

水资源供需平衡分析必须根据一定的雨情、水情来进行，主要有两种分析方法：一种为系列法，一种为典型年法（或称代表年法）。系列法是按雨情，水情的历史系列资料进行逐年的供需平衡分析计算；而典型年法仅是根据有代表性的几个不同年份的雨情、水情进行分析计算，而不必逐年计算。这里必须强调，不管采用何种分析方法，所采用的基础数据（如水文系列资料、水文地质的有关参数等）的质量至关重要的，其将直接影响到供需分析成果的合理性和实用性。下面介绍两种方法：一种叫典型年法，另一种叫水资源系统动态模拟法（系列法的一种）。在了解两种分析方法之前，首先介绍一下供水量和需水量的计算与预测。

（1）可供水量的计算与预测

可供水量是指不同水平年、不同保证率或不同频率条件下通过工程设施可提供的符合一定标准的水量，包括区域内的地表水、地下水外流域的调水，污水处理回用和海水利用等。它有别于工程实际的供水量，也有别于工程最大的供水能力，不同水平年意味着计算可供水量时，要考虑现状近期和远景的几种发展水平的情况，是一种假设的来水条件。不同保证率或不同频率条件表示计算可供水量时，要考虑丰、平、枯几种不同的来水情况，保证率是指工程供水的保证程度（或破坏程度），可以通过系列调算法进行计算。频率一般表示来水的情况，在计算可供水量时，既表示要按来水系列选择代表年、也表示应用代表年法来计算可供水量。

可供水量的影响因素：

①来水条件：由于水文现象的随机性，将来的来水是不能预知的，因而将来的可供水量是随不同水平年的来水变化及其年内的时空变化而变化。

②用水条件：由于可供水量有别于天然水资源量，例如只有农业用户的河流引水工程，虽然可以长年引水，但非农业用水季节所引水量则没有用户，不能算

为可供水量；又例如河道的冲淤用水、河道的生态用水，都会直接影响到河道外的直接供水的可供水量；河道上游的用水要求也直接影响到下游的可供水量。因此，可供水量是随用水特性、合理用水和节约用水等条件的不同而变化的。

③工程条件：工程条件决定了供水系统的供水能力。现有工程参数的变化，不同的调度运行条件以及不同发展时期新增工程设施，都将决定不同的供水能力。

④水质条件：可供水量是指符合一定使用标准的水量，不同用户有不同的标准。在供需分析中计算可供水量时要考虑到水质条。例如从多沙河流引水，高含沙量河水就不宜引用水；高矿化度地下水不宜开采用于灌溉；对于城市的被污染水、废污水在未经处理和论证时也不能算作可供水量。

总之，可供水量不同于天然水资源量，也等于可利用水资源量。一般情况下，可供水量小于天然水资源量，也小于可利用水源量。对于可供水量，要分类、分工程、分区逐项逐时段计算，最后还要汇总成全区域的总供水量。

（2）需水量的计算与预测

①需水量概述

需水量可分为河道内用水和河道外用水两大类。河道内用水包括水力发电、航运、放牧、冲淤、环境、旅游等，主要利用河水的势能和生态功能，基本上不消耗水量或污染水质，属于非耗损性清洁用水。河道外用水包括生活需水量、工业需水量、农业需水量、生态环境需水量四种。

生活需水量是指为满足居民高质量生活所需要的用水量。生活需水量分为城市生活需水量和农村生活需水量，城市生活需水量是供给城市居民生活的用水量，包括居民家庭生活用水和市政公共用水两部分。居民家庭生活用水是指维持日常生活的家庭和个人需水，主要指饮用和洗涤等室内用水；市政公共用水包括饭店、学校、医院、商店、浴池、洗车场、公路冲洗、消防、公用厕所、污水处理厂等用水。农村生活需水量可分为农村家庭需水量、家养禽畜需水量等。

工业需水量是指在一定的工业生产水平下，为实现一定的工业生产产品量所需要的用水量。工业需水量分为城市工业需水量和农村工业需水量。城市工业需水量是供给城市工业企业的工业生产用水，一般是指工业企业生产过程中，用于制造、加工、冷却、空调、制造、净化、洗涤和其他方面的用水，也包括工业企业内工作人员的生活用水。

农业需水量是指在一定的灌溉技术条件下供给农业灌溉、保证农业生产产量所需要的用水量，主要取决于农作物品种、耕作与灌溉方法。农业需水量分为种植业需水量、畜牧业需水量、林果业需水量和渔业需水量。生态环境需水量是指为达到某种生态水平，并维持这种生态系统平衡所需要的用水量。

生态环境需水量由生态需水量和环境需水量两部分构成。生态需水量是达到某种生态水平或者维持某种生态系统平衡所需要的水量，包括维持天然植被所需水量、水土保持及水保范围外的林草植被建设所需水量以及保护水生物所需水量；环境需水量是为保护和改善人类居住环境及其水环境所需要的水量，包括改善用水水质所需水量、协调生态环境所需水量、回补地下水量、美化环境所需水量及休闲旅游所需水量等。

②用水定额

用水定额是用水核算单元规定或核定的使用新鲜水的水量限额，即单位时间内，单位产品、单位面积或人均生活所需要的用水量。用水定额一般可分为生活用水定额、工业用水定额和农业用水定额三部分。核算单元，对于城市生活用水可以是人、床位、面积等，对于城市工业用水可以是某种单位产品、单位产值等，对于农业用水可以是灌溉面积、单位产量等。用水定额随社会、科技进步和国民经济发展而变化，经济发展水平、地域、城市规模工业结构、水资源重复利用率、供水条件、水价、生活水平、给排水及卫生设施条件、生活方式等，都是影响用水定额的主要因素。如生活用水定额随社会的发展、文化水平提高而逐渐提高。通常住房条件较好、给水设备较完善、居民生活水平相对较高的大城市，生活用水定额也较高。而工业用水定额和农业用水定额因科技进步而逐渐降低。

用水定额是计算与预测需水量的基础，需水量计算与预测的结果正确与否，与用水定额的选择有极大的关系，应该根据节水水平和社会经济的发展，通过综合分析和比较，确定适应地区水资源状况和社会经济特点的合理用水定额。

二、水资源水质管理

水体的水质标志着水体的物理（如色度、浊度、臭味等）、化学（无机物和有机物的含量）和生物（细菌、微生物、浮游生物，底栖生物）的特性及其组成的状况。在水文循环过程中，天然水水质会发生一系列复杂的变化，自然界中完全纯净的水是不存在的，水体的水质一方面决定于水体的天然水质，而更加重要的是随着人口和工农业的发展而导致的人为水质水体污染。因此，要对水资源的水质进行管理，通过调查水资源的污染源实行水质监测，进行水质调查和评价，制定有关法规和标准，制定水质规划等。

水资源水质管理的目标是注意维持地表水和地下水的水质是否达到国家规定的不同要求标准，特别是保证对饮用水源地不受污染，以及风景游览区和生活区水体不致发生富营养化和变臭。

水资源用途的广泛，不同用途对水资源的水质要求也不一致，为适用于各种供水目的，中国制定颁布了许多水质标准和行业标准，如《地表水环境质量标准》（GB 3838—2002）《地下水质量标准》（GB/T 14848—93）《生活饮用水卫生标准》

（CB 5749—2006）、《农业灌溉水质标准》（CB 5084—92）和《污水综合排放标准》（GB 8978—1996）等。

据有关部门统计，中国地下水环境并不乐观，近年来地下水污染问题日趋严重，中国北方丘陵山区及山前平原地区的地下水水质较好，中部平原地区地下水水质较差，滨海地区地下水水质最差，南方大部分地区的地下水水质较好，可直接作为饮用水饮用。中国约有7000万人仍在饮用不符合饮用水水质标准的地下水。

为解决这一问题，我国应积极推进：理顺水资源水质管理体制，加强水质管理机构建设水资源管理包括地表水、地下水的开发、利用、治理、保护。长期以来，我国水资源管理体制是多部门（水利、电力、交通、城建、地矿、农业等）的分散管理。这种多部门管水、治水，使水资源人为分割，往往造成部门利益与全局利益难以协调的矛盾，而缺乏权威的统一管理机构使得水资源管理实际上处于无序状态。水资源管理既包括水量又包括水质，但我国一直没有设立统一的水质管理机构。1984年我国《水污染防治法》规定，国家和地方环保部门对水污染防治实施监督；1998年我国《水法》规定国务院水行政主管部门（水利部）负责全国水资源的统一管理工作。这就出现了环保和水利两个部门同时管理水质的问题，而水利部门的重水量调剂、供给，轻水质变化、保护的思想认识，使得其难以协调它与环保部门在水资源水量与水质上的矛盾，水质管理虚化、弱化。同时，我国城市供水和排水机构分立，其间的矛盾越来越突出。为此，国家须尽快理顺管理体制，建立有效的水资源、水质管理机构。体制改革可以考虑：

（一）由于水资源具有系统性、可恢复性、调节性的特点

对水资源、水质的管理必须打破地区、部门分割管理的格局，可实行水资源分片的水系、流域管理模式，即在国家水资源管理机构中设立流域管理分支机构，各流域分支机构根据流域水资源特点和社会经济发展需要，负责水资源开发、利用与保护的统一规划和管理；国家则主要负责水资源管理的法规政策制定及监督指导，协调处理各流域在水资源开发、利用与保护过程中的矛盾。

（二）目前，国际上有国际水质协会（IAWQ），美国70年代即成立了国家水质委员会（National Commissionon Water Quality）

鉴于我国水质问题的严峻性，为强化水质管理，保证用水安全，可成立国家水质管理机构。

（三）城市给水与排水是水的社会循环中不可分割的统一体

目前我国城市给水与排水分立管理的模式必须摒弃，应该将两者合一，统筹管理。

1.补充、完善法制法规

我国1984年颁布了《水污染防治法》，1998年颁布了《水法》，此后还颁布了"取水许可证制度实施办法""排污费征收制度"等法律法规。但由于这些法律法规存在的缺陷，它们还不足以为我国水资源管理提供有力的法律保障：如《水法》中规定的"统一管理与分级、分部门管理相结合的制度"含义不清晰、对水资源开发利用与保护的规划实施及监督管理没有明确规定。自然界中的各种资源都是相互关联的，但我国所有水资源管理的法律法规中也没有说明水资源与其他自然资源开发利用与保护的关系。地表水和地下水为一个统一的有机整体，但我国目前还没有关于地下水的专门性法律，导致地下水资源管理混乱。地下水的无序、过度的不合理开采，不仅引发了地面沉降、土地荒漠、生态退化等一系列环境问题，而且直接影响到地表水的水量与水质的变化。

因此，水资源法律法规建设方面，一是要对已有法律法规的不明确的条款或各自间有抵触的内容进行修改、补充完善；二是要制定能协调各种自然资源开发、利用与保护过程矛盾的综合性法律；三是制定地下水开采、利用与保护的专门性法规；四是要建立适合各流域水资源开发、利用与保护的政策法规；五是可考虑在《水污染防治法》的基础上，对水质问题专门立法。同时，要建立、健全一支有效的水行政执法、司法组织体系，保证水资源各项法规的落实与监督。

2.修订、提高生活饮用水水质标准

目前我国实施的《生活饮用水卫生标准》是1985年颁布的，迄今没有变化。无论从要求检测水质项目数量，还是一些项目的要求标准，均与国际规范标准有较大差距。建设部颁布并于2000年3月1日实施的行业标准《饮用净水水质标准》（CJ 94—1999）为分质供水提供了规范，但适用面有限。在水源中有毒有害微污染物种类不断增加、人们对身体健康越来越关注，以及加入WTO的情况下，国家有关部门应在加强水源水质监测的基础上，根据我国实际，参照国际标准，尽快修订供水水质标准，并提出我国未来提高水质的目标计划，尽快与国际标准接轨。

3.建立体现水质的经济价值的水价格调控体系

长期以来，我国的水价格政策一直是以国家补偿为主，水价过低，加之管理不善，造成了城市人均综合日用水量大（1998年为556.1L，高出欧美发达国家的1倍），产品产值单位用水量高，全民节水意识淡薄，水资源浪费严重。水的商品性和经济价值得不到充分体现。1998年国家计委和建设部颁发的《城市供水价格管理办法》，提出了水价制定应使供水企业的净资产利润率达到8%~10%的"合理盈利水平"，但我国供水企业全面亏损的现状表明（我国城市供水企业亏损总额逐年增加，1991—1997年政府给市政公共供水企业补贴总额达28.124亿元；若计政府补贴，1997年全国城市供水企业总亏损12.28亿元。），目前我国水价问题多而复杂，涉及供水企业成本回收、使用者对水质的不同需求及承受能力、水资源的保护与利用等多个方面，亟待研究解决。这既有认识问题，更有管理问题。首先，我国现实有80%的城市缺水，而水价却很低廉。水费在人们的生活费用中、工业企业的成本中占的比重极小，违背了市场经济投入产出的经济规律。其次，用水包括了水的供给和水排放，但我国目前的水价中只考虑了水的供给因素，没有体现污废水排放或污废水处理的费用。最根本的问题是，水价的过低，使城市难以做到以水养水，影响给水与排水工程的自身发展和水资源的可持续利用，饮用水的安全性得不到保障，最终的受害者将是使用者。

作为重要经济制约制手段的水价标准制定得不合理、完善，影响了我国水资源的有效管理，给我国水资源开发、利用与保护的多个方面带来了灾难性的后果。尽快制定并实施合理的水价政策和体系，已是当务之急。

5、加强废水排放监督管理，提高废水处理、利用率

目前，我国污水处理率15%左右，每天约有1亿t未经处理的污水挟带有毒有害污染物倾泻于江河湖泊水体中。城市污水排放量的逐年增大和污水处理率的低下，是造成我国水环境质量普遍恶化的主要原因。受重供水轻排水思想长期影响，我国城市排水事业发展缓慢。虽然近年来我国城市市政公用污水处理能力增长较快，但其增幅远低于城市供水能力的增长幅度。资金的不足和高昂的运转费用，又制约了排水设施的建设与发展。我国虽然制定了有关排水、污水处理的政策和制度，但目前仅有部分城市征收"污水处理费而且收费额度远低于污水处理成本。"谁污染谁治理"不能有效约束排污者，"谁污染谁付费"又达不到合理的贯彻落实。同时，对"污水资源化"的认识不足，也导致了污水处理利用率低下国内外的经验表明，污水经处理和深度净化后可转化为可用的水资源，而污水转换后的水资源的有效利用，不但可缓解用水紧张，同时也会减轻对水环境的污染，形成良性的用水循环。

三、水资源水量与水质统一管理

联合国教科文组织和世界气象组织共同制定的《水资源评价活动—国家评价手册》将水资源定义为：可以利用或有可能被利用的水源，具有足够的数量和可用的质量，并能在某一地点为满足某种用途而可被利用。从水资源的定义看，水资源包含水量和水质两个方面的含义，是"水量"和"水质"的有机结合，互为依存，缺一不可。

造成水资源短缺的因素有很多，其中两个主要因素是资源性缺水和水质性缺水，资源性缺水是指当地水资源总量少，不能适应经济发展的需要，形成供水紧张；水质性缺水是大量排放的废污水造成淡水资源受污染而短缺的现象。很多时

候，水资源短缺并不是由于资源性缺水造成的，而是由于水污染，使水资源的水质达不到用水要求。

水体本身具有自净能力，只要进入水体的污染物的量不超过水体自净能力的范围，便不会对水体造成明显的影响，而水体的自净能力与水体的水量具有密切的关系，同等条件下，水体的水量越大，允许容纳的污染物的量就越多。

地球上的水体受太阳能的作用，不断地进行相互转换和周期性的循环过程。在水循环过程中，水不断地与其周围的介质发生复杂的物理和化学作用，从而形成自己的物理性质和化学成分，自然界中完全纯净的水是不存在的。

因此，进行水资源水量和水质管理时，需将水资源水量与水质进行统一管理，只单一地考虑水资源水量或者水质，都是不可取的。

第五节　水价管理

水资源管理措施可分为制度性和市场性两种手段，对于水资源的保护，制度性手段可限制不必要的用水，市场性手段是用价格刺激自愿保护，市场性管理就是应用价格的杠杆作用，调节水资源的供需关系，达到资源管理的目的。一个完善合理的水价体系是中国现代水权制度和水资源管理体制建设的必要保障，价格是价值的货币表现，研究水资源价格需要首先研究水资源价值。

一、水资源价值

（一）水资源价值论

水资源有无价值，国内外学术界有不同的解释。研究水资源是否具有价值的理论学说有劳动价值论、效用价值论、生态价值论和哲学价值论等，下面简要介绍劳动价值论与效用价值论。

1.劳动价值论

马克思在其政治经济学理论中，把价值定义为抽象劳动的凝结，即物化在商品中的抽象劳动。价值量的大小决定于商品所消耗的社会必要劳动时间的多少，即在社会平均的劳动熟练程度和劳动强度下，制造某种使用价值所需的劳动时间。运用马克思的劳动价值论来考察水资源的价值，关键在于水资源是否凝结着人类的劳动。

对于水资源是否凝结着人类的劳动，存在两种观点：一种观点认为，自然状态下的水资源是自然界赋予的天然产物，不是人类创造的劳动产品，没有凝结着人类的劳动，因此，水资源不具有价值；另一种观点认为，随着时代的变迁，当今社会早已不是马克思所处的年代，在过去，水资源的可利用量相对比较充裕，不需要人们再付出具体劳动就会自我更新和恢复，因而在这一特定的历史条件下，水资源似乎是没有价值的。随着社会经济的高速发展，水资源短缺等问题日益严重，这表明水资源仅仅依靠自然界的自然再生产已不能满足人们日益增长的经济需求，我们必须付出一定的劳动参与水资源的再生产，水资源具有价值又正好符合劳动价值论的观点。上述两种观点都是从水资源是否物化人类的劳动为出发点展开论证，但得出的结论截然相反，究其原因，主要是劳动价值论是否适用于现代的水资源。随着时代的变迁和社会的发展与进步，仅仅单纯利用劳动价值论来解释水资源是否具有价值是有一定困难的。

2.效用价值论

效用价值论是从物品满足人的欲望能力或人对物品效用的主观评价角度来解释价值及其形成过程的经济理论。物品的效用是物品能够满足人的欲望程度。价值则是人对物品满足人的欲望的主观估价。

效用价值论认为，一切生产活动都是创造效用的过程，然而人们获得效用却不一定非要通过生产来实现，效用不但可以通过大自然的赐予获得，而且人们的主观感觉也是效用的一个源泉。只要人们的某种欲望或需要得到了满足，人们就获得了某种效用。

边际效用论是效用价值论后期发展的产物。边际效用是指在不断增加某一消费品所取得一系列递减的效用中，最后一个单位所带来的效用。边际效用论主要包括四个观点：价值起源于效用，效用是形成价值的必要条件。又以物品的稀缺性为条件、效用和稀缺性是价值得以出现的充分条件；价值取决于边际效用量，即满足人的最后的即最小欲望的那一单位商品的效用；边际效用递减和边际效用均等规律，边际效用递减规律是指人们对某种物品的欲望程度随着享用的该物品数量的不断增加而递减，边际效用均等规律（也称边际效用均衡定律）是指不管几种欲望的最初绝对量如何，最终满足这些欲望的程度相同，才能使人们从中获得的总效用达到最大；效用量是由供给和需求之间的状况决定的，其大小与需求强度成正比例关系，物品价值最终由效用性和稀缺性共同决定。

根据效用价值理论，凡是有效用的物品都具有价值，很容易得出水资源具有价值。因为水资源是生命之源、文明的摇篮、社会发展的重要支撑和构成生态环境的基本要素，对人类具有巨大的效用。此外，水资源短缺已成为全球性问题，水资源满足既短缺又有用的条件。

根据效用价值理论，能够很容易得出水资源具有价值，但效用价值论也存在几个问题，如效用价值论与劳动价值论相对抗，将商品的价值混同于使用价值或物品的效用，效用价值论决定价值的尺度是效用。

（二）水资源价值的内涵

水资源价值可以利用劳动价值论、效用价值论、生态价值论和哲学价值论等进行研究和解释，但不管用哪种价值论来解释水资源价值，水资源价值的内涵主要表现在以下三个方面。

1.稀缺性

稀缺性是资源价值的基础，也是市场形成的根本条件，只有稀缺的东西才会具有经济学意义上的价值，才会在市场上有价格。对水资源价值的认识，是随着人类社会的发展和水资源稀缺性的逐步提高（水资源供需关系的变化）而逐渐发展和形成的，水资源价值也存在从无到有、由低向高的演变过程。

资源价值首要体现的是其稀缺性，水资源具有时空分布不均匀的特点，水资源价值的大小也是其在不同地区不同时段稀缺性的体现。

2.资源产权

产权是与物品或劳务相关的一系列权利和一组权利。产权是经济运行的基础，商品和劳务买卖的核心是产权的转让，产权是交易的基本先决条件。资源配置、经济效率和外部性问题都和产权密切相关。

从资源配置角度看，产权主要包括所有权、使用权、收益权和转让权。要实现资源的最优配置，转让权是关键。要体现水资源的价值.一个很重要的方面就是对其产权的体现。产权体现了所有者对其拥有的资源的一种权利，是规定使用权的一种法律手段。

中国宪法第一章第九条明确规定，水流等自然资源属于国家所有，禁止任何组织或者个人用任何手段侵占或者破坏自然资源。《中华人民共和国水法》第一章第三条明确规定，水资源属于国家所有，水资源的所有权由国务院代表国家行使；国家鼓励单位和个人依法开发、利用水资源，并保护其合法权益，开发、利用水资源的单位和个人有依法保护水资源的义务。

上述规定表明，国家对水资源拥有产权，任何单位和个人开发利用水资源，即是水资源使用权的转让，需要支付一定的费用，这是国家对水资源所有权的体现.这些费用也正是水资源开发利用过程中所有权及其所包含的其他一些权力（使用权等）的转让的体现。

3.劳动价值

水资源价值中的劳动价值主要是指水资源所有者为了在水资源开发利用和交易中处于有利地位，需要通过水文监测、水资源规划和水资源保护等手段，对其拥有的水资源的数量和质量进行调查和管理，这些投入的劳动和资金，必然使得水资源拥有一部分劳动价值。

水资源价值中的劳动价值是区分天然水资源价值和已开发水资源价值的重要

标志，如果水资源价值中含有劳动价值，则称其为已开发的水资源，反之，称其为尚未开发的水资源。尚未开发的水资源同样有稀缺性和资源产权形成的价值。

水资源价值的内涵包括稀缺性、资源产权和劳动价值三个方面。对于不同水资源类型来讲，水资源的价值所包含的内容会有所差异，比如对水资源丰富程度不同的地区来说，水资源稀缺性体现的价值就会不同.

（三）水资源价值定价方法

水资源价值的定价方法包括影子价格法、市场定价法、补偿价格法、机会成本法、供求定价法、级差收益法和生产价格法等，下面简要介绍影子价格法、市场定价法、补偿价格法，机会成本法。

1.影子价格法

影子价格法是通过自然资源对生产和劳务所带来收益的边际贡献来确定其影子价格，然后参照影子价格将其乘以某个价格系数来确定自然资源的实际价格。

2.市场定价法

市场定价法是用自然资源产品的市场价格减去自然资源产品的单位成本，从而得到自然资源的价值。市场定价法适用于市场发育完全的条件。

3.补偿价格法

补偿价格法是把人工投入增强自然资源再生、恢复和更新能力的耗费作为补偿费用来确定自然资源价值定价的方法。

4.机会成本法

机会成本法是按自然资源使用过程中的社会效益及其关系，将失去的使用机会所创造的最大收益作为该资源被选用的机会成本。

二、水价

（一）水价的概念与构成

水价是指水资源使用者使用单位水资源所付出的价格。

水价应该包括商品水的全部机会成本，水价的构成概括起来应该包括资源水价、工程水价和环境水价。目前多数发达国家都在实行这种机制。

资源水价、工程水价和环境水价的内涵如下：

1.资源水价

资源水价即水资源价值或水资源费，资源水价是水资源的稀缺性、产权在经济上的实现形式。资源水价包括对水资源耗费的补偿；对水生态（如取水或调水引起的水生态变化）影响的补偿；为加强对短缺水资源的保护，促进技术开发，还应包括促进节水、保护水资源和海水淡化技术进步的投入。

2.工程水价

工程水价是指通过具体的或抽象的物化劳动把资源水变成产品水，进入市场成为商品水所花费的代价，包括工程费（勘测、设计和施工等）、服务费（包括运行、经营、管理维护和修理等）和资本费（利息和折旧等）的代价。

3.环境水价

环境水价是指经过使用的水体排出用户范围后污染了他人或公共的水环境，为污染治理和水环境保护所需要的代价。

资源水价作为取得水权的机会成本，受到蓄水结构和数量、供水结构和数量、用水效率和效益等因素的影响，在时间和空间上不断变化口工程水价和环境水价主要受取水工程和治污工程的成本影响，一般变化不大。

（二）水价制定原则

制定科学合理的水价，对加强水资源管理，促进节约用水和保障水资源可持续利用等具有重要意义。制定水价时应遵循以下四个原则：

1.公平性和平等性原则

水资源是人类生存和社会发展的物质基础，而且水资源具有公共性的特点，任何人都享有用水的权利，水价的制定必须保证所有人都能公平和平等地享受用水的权利，此外，水价的制定还要考虑行业、地区以及城乡之间的差别。

2.高效配置原则

水资源是稀缺资源，水价的制定必须重视水资源的高效配置，以充分发挥水资源的最大效益。

3.成本回收原则

成本回收原则是指水资源的供给价格不应小于水资源的成本价格。成本回收原则是保证水经营单位正常运行，促进水投资单位投资积极性的一个重要举措。

4.可持续发展原则

水资源的可持续利用是人类社会可持发展的基础，水价的制定，必须有利于水资源的可持续利用，因此，合理的水价应包含水资源开发利用的外部成本（如排污费或污水处理费等）。

（三）水价实施种类

水价实施种类有单一计量水价、固定收费、二部制水价、季节水价、基本生活水价、阶梯式水价、水质水价、用途分类水价、峰谷水价、地下水保护价和浮动水价等。

第六节　水资源管理信息系统

一、信息化与信息化技术

（一）信息化

信息化是指培养、发展以计算机为主的智能化工具为代表的新生产力，并使之造福于社会的历史过程（百度百科）。

（二）信息技术

信息技术是以计算机为核心，包括网络、通信、3s技术。遥测、数据库、多媒体等技术的综合。

二、水资源管理信息化的必要性

水资源管理是一项涉及面广、信息量大和内容复杂的系统工程，水资源管理决策要科学、合理、及时和准确。水资源管理信息化的必要性包括以下几个方面：

（一）水资源管理

是一项复杂的水事行为，需要收集、储存和处理大量的水资源系统信息，传统的水资源管理方法难于济事，信息化技术在水资源管理中的应用，能够实现水资源信息系统管理的目标。

（二）远距离水信息的快速传输

以及水资源管理各个业务数据的共享也需要现代网络或无线传输技术。

（三）复杂的系统分析也离不开信息技术的支撑

它需要对大量的信息进行及时和可靠的分析，特别是对于一些突发事件的实时处理，如洪水问题，就需要现代信息技术做出及时的决策。

（四）对水资源管理进行实时的远程控制管理等也需要信息技术的支撑

三、水资源管理信息系统

（一）水资源管理信息系统的概念

水资源管理信息系统是传统水资源管理方法与系统论、信息论、控制论和计算机技术的完美结合，它具有规范化、实时化和最优化管理的特点，是水资源管理水平的一个飞跃。

（二）水资源管理信息系统的结构

水资源管理信息系统一般由数据库、模型库和人机交互系统三部分组成。

（三）水资源管理信息系统的建设

1.建设目标

水资源管理信息系统建设的具体目标：实时、准确地完成各类信息的收集、处理和存储；建立和开发水资源管理系统所需的各类数据库；建立适用于可持续发展目标下的水资源管理模型库；建立自动分析模块和人机交互系统；具有水资源管理方案提取及分析功能；能够实现远距离信息传输功能。

2.建设原则

水资源管理信息系统是一项规模强大、结构复杂、功能强，涉及面广建设周期长的系统工程，为实现水资源管理信息系统的建设目标，水资源管理信息系统建设过程中应遵循以下八个原则：

（1）实用性原则：系统各项功能的设计和开发必须紧密结合实际，能够运用于生产过程中，最大限度地满足水资源管理部门的业务需求。

（2）先进性原则：系统在技术上要具有先进性（包括软硬件和网络环境等的先进性），确保系统具有较强的生命力，高效的数据处理与分析等能力。

（3）简洁性原则：系统使用对象并非全都是计算机专业人员，故系统表现形式要简单直观、操作简便、界面友好、窗口清晰。

（4）标准化原则：系统要强调结构化、模块化、标准化，特别是接口要标准统一，保证连接通畅，可以实现系统各模块之间、各系统之间的资源共享，保证系统的推广和应用。

（5）灵活性原则：系统各功能模块之间能灵活实现相互转换；系统能随时为使用者提供所需的信息和动态管理决策。

（6）开放性原则：系统采用开放式设计，不断补充和更新系统信息；具备与其他系统的数据和功能的兼容能力。

（7）经济性原则：在保持实用性和先进性的基础上，以最小的投入获得最大的产出，如尽量选择性价比高的软硬件配置，降低数据维护成本，缩短开发周期，降低开发成本。

（8）安全性原则：应当建立完善的系统安全防护机制，阻止非法用户的操作，保障合法用户能方便地访问数据和使用系统；系统要有足够的容错能力，保证数据的逻辑准确性和系统的可靠性。

第七章 水资源评价

第一节 水资源评价的要求和内容

一、水资源评价的一般要求

（一）水资源评价是水资源规划的一项基础工作

首先应该调查、搜集、整理、分析利用已有资料，在必要时再辅以观测和试验工作。水资源评价使用的各项基础资料应具有可靠性、合理性与一致性。

（二）水资源评价应分区进行

各单项评价工作在统一分区的基础上，可以根据该项评价的特点与具体要求，再划分计算区或评价单元。首先，水资源评价应按江河水系的地域分布进行流域分区。全国性水资源评价要求进行一级流域分区和二级流域分区；区域性水资源评价可在二级流域分区的基础上，进一步分出三级流域分区和四级流域分区。另外，水资源评价还应按行政区划进行行政分区。全国性水资源评价的行政分区要求按省（自治区、直辖市）和地区（市，自治州，盟）两级划分；区域性水资源评价的行政分区可按省（自治区、直辖市）、地区（市、自治州、盟）和县（市、自治县旗、区）三级划分。

（三）全国及区域水资源评价应采用日历年，专项工作中的水资源评价可根据需要采用水文年

计算时段应根据评价目的和要求选取。

（四）水资源评价应根据经济社会发展需要及环境变化情况

每隔一定时期对前次水资源评价成果进行全面补充修订或再评价。

二、水资源评价的内容及分区

根据《中国水利百科全书》对水资源评价的定义和《水资源评价导则》的要求，水资源评价应包括以下主要内容：

（一）水资源评价的背景与基础

主要是指评价区的自然概况、社会经济现状、水利工程及水资源利用现状等。

（二）水资源数量评价

主要是对评价区域地表水、地下水的数量及其水资源总量进行估算和评价，属基础水资源评价。

（三）水资源品质评价

根据用水要求和水的物理、化学和生物性质对水体质量做出评价，我国水资源评价主要应对河流泥沙、天然水化学特征及水资源污染状况等进行调查和评价。

（四）水资源开发利用及其影响评价

通过对社会经济、供水基础设施和供用水现状的调查，对供用水效率存在问题和水资源开发利用现状对环境的影响进行分析。

（五）水资源综合评价

在上述四部分内容的基础上，采用全面综合和类比的方法，从定性和定量两个角度对水资源时空分布特征利用状况，以及与社会经济发展的协调程度做出综合评价，主要内容包括水资源供需发展趋势分析、水资源条件综合分析和水资源与社会经济协调程度分析等。

为准确掌握不同区域水资源的数量和质量以及水量转换关系，区分水资源要素在地区间的差异，揭示各区域水资源供需特点和矛盾，水资源评价应分区进行。其目的是把区内错综复杂的自然条件和社会经济条件，根据不同的分析要求，选用相应的特征指标进行分区概化，使分区单元的自然地理、气候、水文和社会经济水利设施等各方面条件基本一致，便于因地制宜有针对性地进行开发利用，水资源评价分区的主要原则如下：

（一）尽可能按流域水系划分

保持大江大河干支流的完整性，对自然条件差异显著的干流和较大支流可分段划区。山区和平原县要根据地下水补给和排泄特点加以区分。

（二）分区基本上能反映水资源条件在地区上的差别

自然地理条件和水资源开发利用条件基本相同或相似的区域划归同一分区，同一供水系统划归同一分区。

（三）边界条件清晰

区域基本封闭，尽量照顾行政区划的完整性，以便于资料收集和整理，且可以与水资源开发利用与管理相结合。

（四）各级别的水资源评价分区应统一

上下级别的分区相一致，下一级别的分区应参考上一级别的分区结果。

第二节　水资源数量评价

水资源数量评价是指对评价区内的地表水资源、地下水资源及水资源总量进行估算和评价，是水资源评价的基础部分，因此也称为基础水资源评价。

一、地表水资源数量评价的内容和要求

按照中华人民共和国行业标准SL/T 238-1999《水资源评价导则》的要求，地表水资源数量评价应包括下列内容：

1.单站径流资料统计分析。

2.主要河流（一般指流域面积大于5000km²的大河）年径流量计算。

3.分区地表水资源数量计算。

4.地表水资源时空分布特征分析。

5.入海、出境入境水量计算。

6.地表水资源可利用量估算。

7.人类活动对河川径流的影响分析。

单站径流资料的统计分析应符合下列要求：

1.凡资料质量较好、观测系列较长的水文站均可作为选用站，包括国家基本站、专用站和委托观测站。各河流控制性观测站为必须选用站。

2.受水利工程、用水消耗、分洪决口影响而改变径流情势的观测站，应进行还原计算，将实测径流系列修正为天然径流系列。

3.统计大河控制站、区域代表站历年逐月的天然径流量，分别计算长系列和同步系列年径流量的统计参数；统计其他选用站的同步期天然年径流量系列，并计算其统计参数。

4.主要河流年径流量计算。选择河流出山口控制站的长系列径流量资料，分

别计算长系列和同步系列的平均值及不同频率的年径流量。

分区地表水资源量计算应符合下列要求：

1.针对各分区的不同情况，采用不同方法计算分区年径流量系列；当区内河流有水文站控制时，根据控制站天然年径流量系列，按面积比修正为该地区年径流系列；在没有测站控制的地区，可利用水文模型或自然地理特征相似地区的降雨径流关系，由降水系列推求径流系列；还可通过绘制年径流深等值线图，从图上量算分区年径流量系列，经合理性分析后采用。

2.计算各分区和全评价区同步系列的统计参数和不同频率（P=20%、50%、75%、95%）的年径流量。

3.应在求得年径流系列的基础上进行分区地表水资源量的计算。入海出境、入境水量的计算应选取河流入海口或评价区边界附近的水文站，根据实测径流资料，采用不同方法换算为入海断面或出入境断面的逐年水量，并分析其年际变化趋势。

地表水资源时空分布特征分析应符合下列要求：

1.选择集水面积为300～5000km的水文站（在测站稀少地区可适当放宽要求），根据还原后的天然年径流系列，绘制同步期平均年径流深等值线图，以此反映地表水资源的地区分布特征。

2.按不同类型自然地理区选取受人类活动影响较小的代表站，分析天然径流量的年内分配情况。

3.选择具有长系列年径流资料的大河控制站和区域代表站，分析天然径流的多年变化。

二、地表水资源量的计算

地表水资源量一般通过河川径流量的分析计算来表示。河川径流量是指一段时间内河流某一过水断面的过水量，它包括地表产水量和部分或全部地下产水量，是水资源总量的主体。在无实测径流资料的地区，降水量和蒸发量是间接估算水资源的依据。在多年平均情况下，一个封闭流域的河川年径流量是区域年降水量扣除区域年总蒸散发量后的产水量，因此河川径流量的分析计算，必然涉及降水量和蒸发量。水资源的时空分布特点也可通过降水、蒸发等水量平衡要素的时空分布来反映。因此要计算地表水资源数量，需要了解降水、蒸发以及河川径流量的计算方法，下面对其进行简要说明。

（一）降水量计算

降水量计算应以雨量观测站的观测资料为依据，且观测站和资料的选用应符合下列要求：

1.选用的雨量观测站，其资料质量较好、系列较长、面上分布较均匀。在降水量变化梯度大的地区，选用的雨量观测站要适当加密，同时应满足分区计算的要求。

2.采用的降水资料应为经过整编和审查的成果。

3.计算分区降水量和分析其空间分布特征时，应采用同步资料系列；而分析降水的时间变化规律时，应采用尽可能长的资料系列。

4.资料系列长度的选定，既要考虑评价区大多数观测站的观测年数，避免过多地插补延长，又要兼顾系列的代表性和一致性，并做到降水系列与径流系列同步。

5.选定的资料系列如有缺测和不足的年、月降水量，应根据具体情况采用多种方法插补延长，经合理性分析后确定采用值。

降水量用降落到不透水平面上的雨水（或融化后的雪水）的深度来表示，该深度以mm计，观测降水量的仪器有雨量器和自记雨量计两种。其基本点是用一定的仪器观测记录一定时间段内的降水深度作为降水量的观测值。

降水量计算应包括下列内容：

1.计算各分区及全评价区同步期的年降水量系列、统计参数和不同频率的年降水量。

2.选取各分区月、年资料齐全且系列较长的代表站，分析计算多年平均连续最大4个月降水量占全年降水量的百分比及其发生月份，并统计不同频率典型年的降水月分配。

3.选择长系列观测站，分析年降水量的年际变化，包括丰枯周期、连枯连丰、变差系数、极值比等。

4.根据需要，选择一定数量的有代表性测站的同步资料，分析各流域或地区之间的年降水量丰枯遭遇情况，并可用少数长系列测站资料进行补充分析。

根据实际观测，一次降水在其笼罩范围内各地点的大小并不一样，表现了降水量分布的不均匀性，这是复杂的气候因素和地理因素在各方面互相影响所致。因此，工程设计所需要的降水量资料都有一个空间和时间上的分布问题。流域平均降水量的常用计算方法有算术平均法、等值线法和泰森多边形法。当流域内雨量站实测降水量资料充分时，可以根据各雨量站实测年降水量资料，用算术平均法或者泰森多边形法算出逐年的流域平均降水量和多年评价年降水量，对降水量系列进行频率分析，可求得不同频率的年降水量。当流域实测降水量资料较少时，可用降水量等值线图法计算。对于年降水量的年内分配通常采用典型年法，按实测年降水量与某一频率的年降水量相近的原则选择典型年，按同倍比或者同频率法将典型年的降雨量年内分配过程乘以缩放系数得到。

（二）蒸发量计算

蒸发是影响水资源数量的重要水文要素，其评价内容应包括水面蒸发、陆面蒸发和干旱指数。

1.水面蒸发是反映蒸发能力的一个指标，它的分析计算对于探讨水量平衡要素分析和水资源总量计算都有重要作用。水量蒸发量的计算常用水面蒸发器折算法。选取资料质量较好、面上分布均匀且观测年数较长的蒸发站作为统计分析的依据，选取的测站应尽量与降水选用站相同，不同型号蒸发器观测的水面蒸发量，应统一换算为E-601型蒸发器的蒸发量。其折算关系为

$$E = \varphi E'$$

式中，E——水面实际蒸发量；

　E'——蒸发器观测值；

　φ——折算系数，

水面蒸发器折算系数随时间而变，年际和年内折算系数不同，一般秋高春低，晴雨天、昼夜间也有差别。折算系数在地区分布上也有差异，在我国，有从东南沿海向内陆逐渐递减的趋势。

2.陆面蒸发指特定区域天然情况下的实际总蒸散发量，又称流域蒸发.陆面蒸发量常采用闭合流域同步期的平均年降水量与年径流量的差值来计算亦即水量平衡法，对任意时段的区域水量平衡方程有如下基本形式：

$$E_i = P_i - R_i \pm \Delta W$$

式中，E_i——时段内陆面蒸发量；

　P_i——时段内平均降水量；

　R_i——时段内平均径流量；

　ΔW——时段内蓄水变化量。

（三）水文模型法

在研究区域上，选择具有实测降水径流资料的代表站，建立降雨径流模型，用于研究区域的水资源评价。常用的水文模型有萨克拉门托模型、水箱模型、新安江水文模型等其中、新安江水文模型是河海大学赵仁俊1973年研制的一个分散参数的概念性降雨径流模型，是国内第一个完整的流域水文模型，在我国湿润与半湿润地区广泛应用，近几十年来，新安江水文模型不断改进，已成为我国特色应用较广泛的一个流域水文模型。新安江水文模型按一定方法把全流域进行分块，每一块为单元流域，对每个单元流域做产汇流计算，得出单元流域的出口流量过程，再进行出口以下的河道洪水演算，求得流域出口的流量过程，把每个单元流

域的出流过程相加，求出流域出口的总出流过程。

第三节　水资源品质评价

一、评价的内容和要求

水资源质量的评价，应根据评价的目的、水体用途、水质特性，选用相关的参数和相应的国家行业或地方水质标准进行评价。内容包括：河流泥沙分析、天然水化学特征分析、水资源污染状况评价。

河流泥沙是反映河川径流质量的重要指标，主要评价河川径流中的悬移质泥沙。天然水化学特征是指未受人类活动影响的各类水体在自然界水循环过程中形成的水质特征，是水资源质量的本底值。水资源污染状况评价是指地表水、地下水资源质量的现状及预测，其内容包括污染源调查与评价、地表水资源质量现状评价、地表水污染负荷总量控制分析、地下水资源质量现状评价、水资源质量变化趋势分析及预测、水资源污染危害及经济损失分析，不同质量的可供水量估算及适用性分析。

对水质评价，可按时间分为回顾评价、预断评价；按用途分为生活饮用水评价、渔业水质评价、工业水质评价、农田灌溉水质评价、风景和游览水质评价；按水体类别分为江河水质评价、湖泊水库水质评价、海洋水质评价、地下水水质评价；按评价参数分为单要素评价和综合评价；对同一水体可以分别对水、水生物和底质评价。

地表水资源质量评价应符合下列要求：

1.在评价区内，应根据河道地理特征、污染源分布、水质监测站网，划分成不同河段（湖、库区）作为评价单元。

2.在评价大江大河水资源质量时，应划分成中泓水域与岸边水域，分别进行评价。

3.应描述地表水资源质量的时空变化及地区分布特征。

4.在人口稠密、工业集中、污染物排放量大的水域，应进行水体污染负荷总量控制分析。

地下水资源质量评价应符合下列要求：

1.选用的监测井（孔）应具有代表性。

2.应将地表水、地下水作为一个整体，分析地表水污染、纳污水库、污水灌溉和固体废弃物的堆放、填埋等对地下水资源质量的影响。

3.应描述地下水资源质量的时空变化及地区分布特征。

二、评价方法介绍

水资源品质评价是水资源评价的一个重要方面，是对水资源质量等级的一种客观评价，无论是地表水还是地下水，水资源品质评价都是以水质调查分析资料为基础，可以分为单项组分评价和综合评价。单项组分评价是将水质指标直接与水质标准比较，判断水质属于哪一等级。综合评价是根据一定评价方法和评价标准综合考虑多因素进行的评价，水资源品质评价因子的选择是评价的基础，一般应按国家标准和当地的实际情况来确定评价因子。

评价标准的选择，一般应依据国家标准和行业或地方标准来确定，同时还应参照该地区污染起始值或背景值。

水资源质量单项组分评价就是按照水质标准（如 CB/T 14848—93《地下水质量标准》、CB 3838—2002《地面水环境质量标准》）所列分类指标划分类别，代号与类别代号相同不同类别的标准值相同时从优不从劣。例如，地下水挥发性酚类工、Ⅱ类标准值均为 0.001mg/L，若水质分析结果为 0.001mg/L 时，应定为 1 类，不定为 1 类。

对于水资源质量综合评价有多种方法，大体可以分为：评分法、污染综合指数法、一般统计法、数理统计法、模糊数学综合评判法、多级关联评价方法、Hamming 贴近法等，不同的方法各有优缺点。现介绍几种常用的方法。

（一）分法

这是水资源质量综合评价的常用方法。其具体要求与步骤如下：

1.首先进行各单项组分评价，划分组分所属质量类别。

2.对各类别分别确定单项组分评价分值 F，见表 7-1。

表 7-1　各类别分值日表

类别	I	Ⅱ	Ⅲ	Ⅳ	Ⅴ
Fi	0	i	3	5	10

3.按式计算综合评价分值 F：

$$F = \sqrt{\frac{\bar{x}^2 + F_{min}^2}{2}}$$

$$\bar{F} = \frac{1}{n}\sum_{i=1}^{n} F_i$$

式中，F——各单项组分评分值 F 的平均值；

F_{min}——单项组分评分值 F 中的最大值；

n——项数。

4.根据 F 值，按表 7-2 的规定划分水资源质量级别，如"优良（Ⅰ）类""较好（Ⅱ类）"等。

表7-2　F值与水质级别的划分

级别	优良	良好	较好	较差	极差
F	<0.80	0.80 ~ 2.50	2.50 ~ 7.25	4.25 ~ 7.20	>7.20

（二）一般统计法

这种方法是以检测点的检出值与背景值或饮用水卫生标准做比较，统计其检出数、检出率、超标率等。一般以表格法来反映，最后根据统计结果来评价水资源质量.其中，检出率是指污染组成占全部检测数的百分数。超标率是指检出污染浓度超过水质标准的数量占全部检测数的百分数。对于受污染的水体，可以根据检出率确定其污染程度，比如单项检出率超过50%，即为严重污染。

（三）多级关联评价方法

多级关联评价是一种复杂系统的综合评价方法，它是依据监测样本与质量标准序列间的几何相似分析与关联测度，来度量监测样本中多个序列相对某一级别质量序列的关联性。关联度越高，就说明该样本序列越贴近参照级别，这就是多级关联综合评价的信息和依据。它的特点是：

1.评价的对象可以是一个多层结构的动态系统，即同时包括多个子系统；

2.评价标准的级别可以用连续函数表达，也可以在标准区间内做更细致的分级；

3.方法简单可行，易与现行方法对比。

第四节　水资源综合评价

一、水资源综合评价的内容

水资源综合评价是在水资源数量、质量和开发利用现状评价以及环境影响评价的基础上，遵循生态良性循环、资源永续利用、经济可持续发展的原则，对水资源时空分布特征、利用状况与社会经济发展的协调程度所做的综合评价，主要包括水资源供需发展趋势分析、评价区水资源条件综合分析和分区水资源与社会经济协调程度分析三方面的内容。

水资源供需发展趋势分析，是指在将评价区划分为若干计算分区，摸清水资源利用现状和存在问题的基础上，进行不同水平年、不同保证率或水资源调节计算期的需水和可供水量的预测以及水资源供需平衡计算，分析水资源的余缺程度，进而研究分析评价区社会和经济发展中水的供需关系。

水资源条件综合分析是对评价区水资源状况及开发利用程度的总括性评价，应从不同方面、不同角度进行全面综合和类比，并进行定性和定量的整体描述。

分区水资源与社会经济协调程度分析包括建立评价指标体系、进行分区分类排序等内容。评价指标应能反映分区水资源对社会经济可持续发展的影响程度、水资源问题的类型及解决水资源问题的难易程度。另外，应对所选指标进行筛选和关联分析，确定重要程度，并在确定评价指标体系后，采用适当的理论和方法，建立数学模型对评价分区水资源与社会经济协调发展情况进行综合评判。

水资源不足在我国普遍存在，只是严重程度有所不同.不少地区水资源已成为经济和社会发展的重要制约因素。在水资源综合评价的基础上、应提出解决当地水资源问题的对策或决策，包括可行的开源节流措施或方案，对开源的可能性和规模、节流的措施和潜力应予以科学的分析和评价；同时，对评价区内因水资源开发利用可能发生的负效应特别是对生态环境的影响进行分析和预测。进行正负效应的比较分析，从而提出避免和减少负效应的对策供决策者参考。

二、水资源综合评价的评价体系

水资源评价结果，以一系列的定量指标加以表示，称为评价指标体系，由此可对评价区的水资源及水资源供需的特点进行分析、评估和比较。

（一）综合评价指标

《中国水资源利用》中对全国302个三级分区计算下列10项指标，从不同方面评价各地区水资源供需情况，研究解决措施和对策。

1.耕地率。

2.耕地灌溉率。

3.人口密度。

4.工业产值模数，工业总产值与土地面积之比。

5.需水量模数，现状计算需水量与t地面积之比。

6.供水量模数，现状P=75%供水量与土地面积之比。

7.人均供水量，现状P=75%供水量与总人数之比。

8.水资源利用率，现状P=75%供水量与水资源总量之比。

9.现状缺水率，现状水平年P=75%的缺水量与需水量之比。

10.远景缺水率，远景水平年P=75%的缺水量与需水量之比。

（二）分类分析

1.缺水率及其变化

缺水率大于10%的地区，可认为是缺水地区。从现状到远景的缺水率变化趋势分析，缺水率增加的地区，缺水矛盾趋于严重，而缺水率减少地区，缺水矛盾有所缓和，在一定程度上可认为不缺水。如果现状需水指标水平定得过高，或未考虑新建水源工程已开始兴建即将生效，虽然现状缺水率高，也不列为缺水区。

2.人均供需水量对比

首先根据自然及社会经济条件，拟订出各地区人均需求量范围。如全国山地高原及北方丘陵，一般在 $200\sim400m^2$/人；北方平原、盆地及南方丘陵区一般在 $300\sim600m^2$人；南方平原及东北三江平原在 $500\sim800m^2$/人；而西北干旱地区，没有水就没有绿洲，人均需水量最大，达 $2000m^3$/人以上。如果实际人均供水量小于人均需水量的下限，则认为该地区缺水。

3.水资源利用率程度

一般说来，当水资源利用率已超过50%，用水比较紧张，水资源继续开发利用比较困难的地区绝大部分应属于缺水类型某些开发条件较差的地区，其水资源利用率已大于25%的，也可能存在缺水现象。

第五节　水资源开发利用评价

水资源开发利用评价主要是对水资源开发利用现状及其影响的评价，是对过去水利建设成就与经验的总结，是对如何合理进行水资源的综合开发利用和保护规划的基础性前期工作，其目的是增强流域或区域水资源规划时的全局观念和宏观指导思想，是水资源评价工作中的重要组成部分。

一、水资源开发利用现状分析的任务

水资源开发利用现状分析主要包括两方面任务：一是开发现状分析；二是利用现状分析。

水资源开发现状分析，是分析现状水平年情况下，水利工程在流域开发中的作用。这一工作需要调查分析这些工程的建设发展过程、使用情况和存在的问题；分析其供水能力、供水对象和工程之间的相互影响，并主要分析流域水资源的开发程度和进一步开发的潜力，水资源利用现状分析，是分析现状水平年情况下，流域用水结构、用水部门的发展过程和目前的需水水平存在问题及今后的发展变化趋势。重点分析现状情况下的水资源利用效率。

水资源开发现状分析和水资源利用现状分析二者既有联系又有区别，水资源开发现状分析侧重于对流域开发工程的分析，主要研究流域水资源的开发程度和进一步开发的潜力；水资源利用现状分析，侧重于对流域内用水效率的分析，主要研究流域水资源的利用率。水资源开发现状分析与水资源利用现状分析是相辅

相成的，因而有时难以对二者内容严格区分。

二、水资源开发利用现状分析的内容

水资源开发利用现状分析是评价一个地区水资源利用的合理程度，找出所存在的问题，并有针对性地采取措施促进水资源合理利用的有效手段。下面按照水资源开发利用现状分析的主要内容进行叙述。

（一）供水基础设施及供水能力调查统计分析

供水基础设施及供水能力调查统计分析以现状水平年为基准年，分别调查统计研究区地表水源、地下水源和其他水源供水工程的数量和供水能力，以反映当地供水基础设施的现状情况。在统计工作的基础上，通常还应分类分析它们的现状情况、主要作用及存在的主要问题。

（二）供水量调查统计分析

供水量是指各种水源工程为用水户提供的包括输水损失在内的毛供水水量对跨流域、跨省区的长距离地表水调水工程，以省（自治区、直辖市）收水口作为毛供水量的计算点。在受水区内，可按取水水源分为地表水源供水量、地下水源供水量进行统计，地表水源供水量以实测引水量或提水量作为统计依据，无实测水量资料时，可根据灌溉面积、工业产值、实际毛用水定额等资料进行估算。地下水源供水量是指水井工程的开采量，按浅层淡水、深层承压水和微咸水分别统计。供水量统计工作，是分析水资源开发利用的关键环节，也是水资源供需平衡分析计算的基础。

（三）供水水质调查统计分析

供水水量评价计算仅仅是其中的一方面，还应该对供水的水质进行评价原则上应依照供水水质标准进行评价。例如，地表水供水水质按《地面水环境质量标准》（CB 3838—2002）评价，地下水水质按《地下水质量标准》（GB/T 14848—93）评价。

（四）用水量调查统计及用水效率分析

用水量是指分配给用水户，包括输水损失在内的毛用水量。用水量调查统计分析可按照农业、工业、生活三大类进行统计，并把城（镇）乡分开。在用水调查统计的基础上，计算农业用水指标、工业用水指标生活用水指标以及综合用水指标，以评价用水效率。

（五）实际消耗水量计算

实际消耗水量是指毛用水量在输水、用水过程中，通过蒸散发、土壤吸收、产品带走居民和牲畜饮用等多种途径消耗掉而不能回归到地表水体或地下水体的水量。

农业灌溉耗水量包括作物蒸腾、棵间蒸散发、渠系水面蒸发和浸润损失等水量可以通过灌区水量平衡分析方法进行推求，也可以采用耗水机理建立水量模型进行计算工业耗水量包括输水和生产过程中的蒸发损失量、产品带走水量、厂区生活耗水量等。可以用工业取水量减去废污水排放量来计算，也可以用万元产值耗水量来估算。生活耗水量包括城镇、农村生活用水消耗量、牲畜饮水量以及输水过程中的消耗量。其计算可以采用引水量减去污水排放量来计算，也可以采用人均或牲畜标准头日用水量来推求。

（六）水资源开发利用引起不良后果的调查与分析

天然状态的水资源系统是未经污染和人类破坏影响的天然系统。人类活动或多或少对水资源系统产生一定影响，这种影响可能是负面的，也可能是正面的，影响的程度也有大有小，如果人类对水资源的开发不当或过度开发，必然导致一定的不良后果。比如，废污水的排放导致水体污染；地下水过度开发导致水位下降、地面沉降海水入侵；生产生活用水挤占生态用水导致生态破坏等。因此，在水资源开发利用现状分析过程中，要对水资源开发利用导致的不良后果进行全面的调查与分析。

（七）水资源开发利用程度综合评价

在上述调查分析的基础上，需要对区域水资源的开发利用程度做一个综合评价。具体计算指标包括：地表水资源开发率、平原区浅层地下水开采率、水资源利用消耗率。其中，地表水资源开发率是指地表水源供水量占地表水资源量的百分比；平原区浅层地下水开采率是指地下水开采量占地下水资源量的百分比；水资源利用消耗率是指用水消耗量占水资源总量的百分比二在这些指标计算的基础上，综合水资源利用现状，分析评价水资源开发利用程度，说明水资源开发利用程度是高等、中等还是低等。

第八章　水资源可持续利用与保护

第一节　水资源可持续利用含义

水资源可持续利用（Sustainable Water Resources Utilization），即一定空间范围内，水资源既能满足当代人的需要，对后代人满足其需求又不构成威胁的资源利用方式水资源可持续利用为保证人类社会、经济和生存环境可持续发展，对水资源实行永续利用的原则可持续发展的观点是20世纪80年代在寻求解决环境与发展矛盾的思路中提出的，并在可再生的自然资源领域提出可持续利用问题，其基本思路是在自然资源的开发中，注意因开发所导致的不利于环境的副作用和预期取得的社会效益相平衡。在水资源的开发与利用中，为保持这种平衡就应遵守可供饮用的水源和土地生产力得到保护的原则，保护生物多样性不受干扰或生态系统平衡发展的原则，对可更新的淡水资源不可过量开发使用和污染的原则。因此，在水资源的开发利用活动中，绝对不能损害地球上的生命保障系统和生态系统，必须保证为社会和经济可持续发展合理供应所需的水资源，满足各行各业用水要求并持续供水。此外，水在自然界循环过程中会受到干扰，应注意研究对策，使这种干扰不影响水资源可持续利用。

为适应水资源可持续利用的原则，在进行水资源规划和水利工程设计时应使建立的工程系统体现如下特点：天然水源不因其被开发利用而造成水源逐渐衰竭；水工程系统能较持久地保持其设计功能，因自然老化导致的功能减退能有后续的补救措施；对某范围内水供需问题能随工程供水能力的增加及合理用水、需水管理、节水措施的配合，使其能较长期保持相互协调的状态；因供水及相应水量的增加而致废污水排放量的增加，而需相应增加处理废污水能力的工程措施，以维持水源的可持续利用效能。

第二节　水资源可持续利用评价

　　水资源可持续利用指标体系及评价方法是目前水资源可持续利用研究的核心，是进行区域水资源宏观调控的主要依据。目前，还尚未形成水资源可持续利用指标体系及评价方法的统一观点。因此，本节针对现行国内外水资源可持续利用指标体系建立评价中存在的主要问题，对区域水资源可持续利用指标体系及评价方法做简单的介绍。

一、水资源可持续利用指标体系

（一）水资源可持续利用指标体系研究的基本思路

　　根据可持续发展与水资源可持续利用的思想，水资源可持续利用指标体系的研究思路应包括以下方面：

1.基本原则

　　区域水资源可持续利用指标体系的建立，应该根据区域水资源特点，考虑到区域社会经济发展的不平衡、水资源开发利用程度及当地科技文化水平的差异等，在借鉴国际上对资源可持续利用的基础上，以科学、实用、简明的选取原则，具体考虑以下5个方面：

　　（1）全面性和概括性相结合。区域水资源可持续利用系统是一个复杂的复合系统，它具有深刻而丰富的内涵，要求建立的指标体系具有足够的涵盖面，全面反映区域水资源可持续利用内涵，但同时又要求指标简洁、精练，因为要实现指标体系的全面性就极容易造成指标体系之间的信息重叠，从而影响评价结果的精度，为此，应尽可能地选择综合性强、覆盖面广的指标，而避免选择过于具体详细的指标，同时应考虑地区特点，抓住主要的、关键性指标。

　　（2）系统性和层次性相结合。区域以水为主导因素的水资源-社会-经济-环境这一复合系统的内部结构非常复杂，各个系统之间相互影响、相互制约。因此，要求建立的指标体系层次分明，具有系统化和条理化，将复杂的问题用简洁明朗的、层次感较强的指标体系表达出来，充分展示区域水资源可持续利用复合系统可持续发展状况。

　　（3）可行性与可操作性相结合。建立的指标体系往往在理论上反映较好，但实践性却不强因此，在选择指标时、不能脱离指标相关资料信息实际的条件，要考虑指标的数据资料来源，也即选择的每一项指标不但要有代表性，而且应尽可能选用目前统计制度中所包含或通过努力可能达到、对于那些未纳入现行统计制度、数据获得不是很直接的指标，只要它是进行可持续利用评价所必需的，也可将其选择作为建议指标，或者可以选择与其代表意义相近的指标作为代替。

（4）可比性与灵活性相结合。为了便于区域自己在纵向上或者区域与其他区域在横向上比较，要求指标的选取和计算采用国内外通行口径，同时，指标的选取应具备灵活性，水资源、社会、经济、环境具有明显的时空属性，不同的自然条件，不同的社会经济发展水平，不同的种族和文化背景，导致各个区域对水资源的开发利用和管理都具有不同的侧重点和出发点指标因地区不同而存在差异，因此，指标体系应具有灵活性，可根据各地区的具体情况进行相应调整。

（5）问题的导向性指标体系的设置和评价的实施，目的在于引导被评估对象走向可持续发展的目标，因而水资源可持续利用指标应能够体现人、水、自然环境相互作用的各种重要原因和后果，从而为决策者有针对性地适时调整水资源管理政策提供支持。

2.理论与方法

借助系统理论、系统协调原理，以水资源、社会、经济、生态、环境、非线性理论、系统分析与评价、现代管理理论与技术等领域的知识为基础，以计算机仿真模拟为工具，采用定性与定量相结合的综合集成方法，研究水资源可持续利用指标体系。

3.评价与标准

水资源可持续利用指标的评价标准可采用Bossel分级制与标准进行评价，将指标分为4个级别，并按相对值0~4划分。其中，0~1为不可接受级，即指标中任何一个指标值小于1时，表示该指标所代表的水资源状况十分不利于可持续利用，为不可接受级；1~2为危险级，即指标中任何一个值在1~2时，表示它对可持续利用构成威胁；2~3为良好级，表示有利于可持续利用；3~4为优秀级，表示十分有利于可持续利用。

（1）水资源可持续利用的现状指标体系

现状指标体系分为两大类：基本定向指标和可测指标。

基本定向指标是一组用于确定可持续利用方向的指标，是反映可持续性最基本而又不能直接获得的指标。基本定向指标可选择生存、能效、自由、安全、适应和共存6个指标。生存表示系统与正常环境状况相协调并能在其中生存与发展。能效表示系统能在长期平衡基础上通过有效的努力使稀缺的水资源供给安全可靠，并能消除其对环境的不利影响自由表示系统具有在一定范围内灵活地应对环境变化引起的各种挑战，以保障社会经济的可持续发展能力。安全表示系统必须能够使自己免受环境易变性的影响，使其可持续发展适应表示系统应能通过自适应和自组织更好地适应环境改变的挑战.使系统在改变了的环境中持续发展。共存是指系统必须有能力调整其自身行为.考虑其他子系统和周围环境的行为、利益，并与之和谐发展。

可测指标即可持续利用的量化指标，按社会、经济、环境3个子系统划分，各子系统中的可测指标由系统本身有关指标及其可持续利用涉及的主要水资源指标构成，这些指标又进一步分为驱动力状态指标和响应指标。

（2）水资源可持续利用指标趋势的动态模型

应用预测技术分析水资源可持续利用指标的动态变化特点，建立适宜的水资源可持续利用指标动态模拟模型和动态指标体系，通过计算机仿真进行预测。根据动态数据的特点，模型主要包括统计模型、时间序列（随机）模型、人工神经网络模型（主要是模糊人工神经网络模型）和混沌模型。

（3）水资源可持续利用指标的稳定性分析

由于水资源可持续利用系统是一个复杂的非线性系统，在不同区域内，应用非线性理论研究水资源可持续利用系统的作用、机理和外界扰动对系统的敏感性。

（4）水资源可持续的综合评价

根据上述水资源可持续利用的现状指标体系评价、水资源可持续利用指标趋势的动态模型和水资源可持续利用指标的稳定性分析、应用不确定性分析理论，进行水资源可持续的综合评价。

（二）水资源可持续利用指标体系研究进展

1.水资源可持续利用指标体系的建立方法

现有指标体系建立的方法基本上是基于可持续利用的研究思路，归纳起来包括几点：

（1）系统发展协调度模型指标体系由系统指标和协调度指标构成。系统可概括为社会、经济、资源、环境组成的复合系统。协调度指标则是建立区域人-地相互作用和潜力三维指标体系，通过这一潜力空间来综合测度可持续发展水平和水资源可持续利用评价。

（2）资源价值论应用经济学价值观点，选用资源实物变化率、资源价值（或人均资源价值）变化率和资源价值消耗率变化等指标进行评价。

（3）系统层次法基于系统分析法，指标体系由目标层和准则层构成。目标层即水资源可持续利用的目标，目标层下可建立1个或数个较为具体的分目标，即准则层。准则层则由更为具体的指标组成，应用系统综合评判方法进行评价。

（4）压力-状态-反应（PSR）结构模型由压力、状态和反应指标组成。压力指标用以表征造成发展不可持续的人类活动和消费模式或经济系统的一些因素，状态指标用以表征可持续发展过程中的系统状态，响应指标用以表征人类为促进

可持续发展进程所采取的对策，

（5）生态足迹分析法是一组基于土地面积的量化指标对可持续发展的度量方法，它采用生态生产性土地为各类自然资本统一度量基础。

（6）归纳法首先把众多指标进行归类，再从不同类别中抽取若干指标构建指标体系。

（7）不确定性指标模型认为水资源可持续利用概念具有模糊、灰色特性。应用模糊、灰色识别理论、模型和方法进行系统评价。

（8）区间可拓评价方法将待评指标的量值、评价标准均用区间表示，应用区间与区间之距概念和方法进行评价。

（9）状态空间度量方法以水资源系统中人类活动、资源、环境为三维向量表示承载状态点，状态空间中不同资源、环境、人类活动组合则可形成区域承载力，构成区域承载力曲面。

（10）系统预警方法中的预警是水资源可持续利用过程中偏离状态的警告，它既是一种分析评价方法，又是一种对水资源可持续利用过程进行监测的手段。预警模型由社会经济子系统和水资源环境子系统组成。

（11）属性细分理论系统就是将系统首先进行分解，并进行系统的属性划分，根据系统的细分化指导寻找指标来反映系统的基本属性，最后确定各子系统属性对系统属性的贡献。

2.水资源可持续利用评价的基本程序

基本程序包括：（1）建立水资源可持续利用的评价指标体系；（2）确定指标的评价标准；（3）确定性评价；（4）收集资料；（5）指标值计算与规格化处理；（6）评价计算；（7）根据评价结果，提出评价分析意见。

（三）水资源可持续利用指标研究存在的问题

水资源可持续利用是在可持续发展概念下产生的一种全新发展模式，其内涵十分丰富，具有复杂性、广泛性、动态性和地域特殊性等特点。不同国家、不同地区、不同人、不同发展水平和条件对其理解有所差异，水资源可持续利用实施的内容和途径必然存在一定的差异。因此，水资源可持续利用研究的难度非常大口目前，水资源可持续利用指标体系的研究尚处于起步阶段，主要存在以下问题：

1.水资源可持续利用体系的理论框架不够完善

水资源可持续利用体系建立的理论框架仍处在探索阶段，其理论基本上是可持续利用理论框架演化而来的，而可持续利用的理论框架目前处在研究探索阶段，因而水资源可持续利用指标体系建立的原则、方法和评价尚不统一。从目前的研究来看，关于水资源可持续利用的探讨，政府行为和媒体宣传多于学术研究，现有研究工作大多停留于概念探讨、理论分析阶段，定性研究多于量化研究。

2.尚未形成公认的水资源可持续利用指标体系

建立一套有效的水资源可持续利用评价指标体系是一项复杂的系统工程，目前仍未形成一套公认的应用效果很好的指标体系，其研究存在以下问题：

（1）指标尺度：水资源可持续利用体系始于宏观尺度内的国际或国家水资源可持续利用研究，从研究内容来看，宏观尺度内的流域、地区的水资源可持续利用指标体系研究则相对较少。

（2）指标特性：目前，应用较多的指标体系为综合指标体系、层次结构体系和矩阵结构指标体系。综合性指标体系依赖于国民经济核算体系的发展和完善，只能反映区域水资源可持续利用的总体水平，无法判断区域水资源可持续利用的差异，如联合国最新指标体系中与21世纪议程第18章关于水的指标。这些指标只适用于大范围的研究区域（如国家乃至全球），对区域水资源可持续利用评价并无多大的实用价值。层次结构指标体系在持续性、协调性研究上具有较大的难度，要求基础数据较多，缺乏统一的设计原则。矩阵结构指标体系包含的指标数目十分庞大、分散，所使用的"压力""状态"指标较难界定。

（3）指标的可操作性：现有水资源可持续利用在反映不同地区、不同水资源条件、不同社会经济发展水平、不同种族和文化背景等方面具有一定的局限性。

（4）评价的主要内容：现有指标基本上限于水资源可持续利用的现状评价，缺乏指标体系的趋势、稳定性和综合评价。因此，与反映水资源可持续利用的时间和空间特征仍有一定的距离。

（5）权值：确定水资源可持续利用评价的许多方法，如综合评价法、模糊评价法等含有权值确定问题。权值确定可分为主观赋权法和客观赋权法。主观赋权法更多地依赖于专家知识、经验。客观赋权法则通过调查数据计算指标的统计性质确定.权值确定往往决定评价结果，但是目前还没有一个很好的方法。

（6）定性指标的量化：在实际应用中，定性指标常常结合多种方法进行量化，但由于水资源可持续利用本身的复杂性，其量化仍是目前一个难度较大的问题，因此，定性指标的量化方法有待于深入研究。

（7）指标评价标准和评价方法：现有的水资源可持续利用指标评价标准和评价方法各具特色，在实际水资源可持续评价中有时会出现较大差异，其原因是水资源可持续利用是一个复杂的系统，现有指标评价标准和评价方法基于的观点和研究的重点有所差异。如何选取理想的指标评价标准和评价方法，目前没有公认的标准和方法。

综合评分法能否恰当地体现各子系统之间的本质联系和水资源可持续利用思想的内涵还值得商榷，运用主观评价法确定指标权重，其科学性也值得怀疑，目前最大的难点在于难以解决指标体系中指标的重复问题。多元统计法中的主成分分析、因子分析为解决指标的重复提供了可能。主成分分析在第一个主成分分量的贡献率小于85%时，需要将几个分量合起来使贡献率大于85%，对于这种情况，虽然处理方法很多，但目前仍存在一些争论，因子分析由于求解不具有唯一性，在选择评价问题的适合解时，采用选择的适合标准目前还有各种不同的看法。模糊评判与灰色法较评价主观、定性指标提供了可能，但其受到指标量化和计算选择方法的限制。协调度是使用一组微分方程来表示系统的演化过程，虽然协同的支配原理表明，系统的状态变量按其临界行为可分为慢变量和快变量。根据非平衡

相变的最大信息熵原理，可以简化模型的维数，但是快变量和慢变量的数目没有理论上的证明，因而仅停留在利用协同原理解释和研究大量复杂系统的演化过程。另外，对于发展度、资源环境承载力、环境容量以及可持续利用的结构函数尚需进一步探讨。多维标度方法则在多目标综合评价的方法和众多指标整合为一个量纲统一的评价性指标仍需进一步研究。

二、水资源可持续利用评价方法

水资源开发利用保护是一项十分复杂的活动，至今未有一套相对完整、简单而又为大多数人所接受的评价指标体系和评价方法。一般认为指标体系要能体现所评价对象在时间尺度的可持续性、空间尺度上的相对平衡性、对社会分配方面的公平性、对水资源的控制能力，对与水有关的生态环境质量的特异性具有预测和综合能力，并相对易于采集数据、相对易于应用。

水资源可持续利用评价包括水资源基础评价、水资源开发利用评价、与水相关的生态环境质量评价、水资源合理配置评价、水资源承载能力评价以及水资源管理评价6个方面。水资源基础评价突出资源本身的状况及其对开发利用保护而言所具有的特点；开发利用评价则侧重于开发利用程度、供水水源结构、用水结构、开发利用工程状况和缺水状况等方面；与水有关的生态环境质量评价要能反映天然生态与人工生态的相对变化、河湖水体的变化趋势、土地沙化与水土流失状况、用水不当导致的耕地盐渍化状况以及水体污染状况等；水资源合理配置评价不是侧重于开发利用活动本身，而是侧重于开发利用对可持续发展目标的影响，主要包括水资源配置方案的经济合理性、生态环境合理性、社会分配合理性以及三方面的协调程度，同时还要反映开发利用活动对水文循环的影响程度，开发利用本身的经济代价及生态代价以及所开发利用水资源的总体使用效率；水资源承载能力评价要反映极限性、被承载发展模式的多样性和动态性以及从现状到极限的潜力等；水资源管理评价包括需水、供水、水质、法规、机构等五方面的管理

状态。

水资源可持续利用评价指标体系是区域与国家可持续发展指标体系的重要组成部分.也是综合国力中资源部分的重要环节,"走可持续发展之路,是中国在未来发展的自身需要和必然选择"。为此,对水资源可持续利用进行评价具有重要意义。

这里主要介绍葛吉琦(1998)提出的关于水资源可持续利用评价方法。

(一) 水资源可持续利用评价的含义

水资源可持续利用评价是按照现行的水资源利用方式、水平、管理与政策对其能否满足社会经济持续发展所要求的水资源可持续利用做出的评估。

进行水资源可持续利用评价的目的在于认清水资源利用现状和存在问题,调整其利用方式与水平,实施有利于可持续利用的水资源管理政策.有助于国家和地区社会经济可持续发展战略目标的实现。

(二) 水资源可持续利用指标体系的评价方法

综合许多文献,目前,水资源可持续利用指标体系的评价方法主要有以下几种:

综合评分法其基本方法是通过建立若干层次的指标体系,采用聚类分析、判别分析和主观权重确定的方法,最后给出评判结果。它的特点是方法直观、计算简单。

不确定性评判法主要包括模糊与灰色评判。模糊评判采用模糊联系合成原理进行综合评价,多以多级模糊综合评价方法为主。该方法的特点是能够将定性、定量指标进行量化。

多元统计法主要包括主成分分析和因子分析法。该方法的优点是把涉及经济、社会、资源和环境等方面的众多因素组合为量纲统一的指标,解决了不同量纲的指标之间可综合性问题,把难以用货币术语描述的现象引入了环境和社会的总体结构中,信息丰富,资料易懂,针对性强。

协调度法利用系统协调理论,以发展度、资源环境承载力和环境容量为综合指标来反映社会、经济、资源(包括水资源)与环境的协调关系,能够从深层次上反映水资源可持续利用所涉及的因果关系。

多维标度方法主要包括Torgerson法、K-L方法、Shepard法、Kruskal法和最小维数法,与主成分分析方法不同,其能够将不同量纲指标整合,进行综合分析。

第三节　水资源承载能力

一、水资源承载能力的概念及内涵

（一）水资源承载能力的概念

目前，关于水资源承载能力的定义并无统一明确的界定、国内有两种不大相同的说法：一种是水资源开发规模论；另一种是水资源支持持续发展能力论。

前者认为，"在一定社会技术经济阶段，在水资源总量的基础上，通过合理分配和有效利用所获得的最合理的社会、经济与环境协调发展的水资源开发利用的最大规模"或"在一定技术经济水平和社会生产条件下，水资源可供给工农业生产、人民生活和生态环境保护等。"用水的最大能力，即水资源开发容量，后者认为，水资源的最大开发规模或容量比起水资源作为一种社会发展的"支撑能力"而言，范围要小得多，含义也不尽相同。因此，将水资源承载能力定义为："经济和环境的支撑能力。"前者的观点适于缺水地区，而后者的观点更有普遍的意义。考虑到水资源承载能力研究的现实与长远意义，对它的理解和界定要遵循下列原则：

第一，必须把它置于可持续发展战略构架下进行讨论，离开或偏离社会持续发展模式是没有意义的；第二，要把它作为生态经济系统的一员，综合考虑水资源对地区人口、资源、环境和经济协调发展的支撑力；第三，要识别水资源与其他资源不同的特点，它既是生命、环境系统不可缺少的要素，又是经济、社会发展的物质基础。既是可再生、流动的、不可浓缩的资源、又是可耗竭、可污染、利害并存和不确定性的资源。水资源承载能力除受自然因素影响外，还受许多社会因素影响和制约。如受社会经济状况、国家方针政策（包括水政策）、管理水平和社会协调发展机制等影响。因此，水资源承载能力的大小是随空间、时间和条件变化而变化的，且具有一定的动态性、可调性和伸缩性。

根据上述认识，水资源承载能力的定义为：某一流域或地区的水资源在某一具体历史发展阶段下，以可预见的技术、经济和社会发展水平为依据，以可持续发展为原则，以维护生态环境良性循环发展为条件，经过合理优化配置，是该流域或地区社会经济发展的最大支撑能力。

可以看出，有关水资源承载能力研究的是包括社会、经济，环境、生态、资源在内的错综复杂的大系统。在这个系统内，既有自然因素的影响，又有社会、经济、文化等因素的影响为此，开展有关水资源承载能力研究工作的学术指导思想，应是建立在社会经济、生态环境、水资源系统的基础上，在资源-资源生态-资源经济科学原理指导下，立足于资源可能性，以系统工程方法为依据进行的综合动态平衡研究。着重从资源可能性出发，回答一个地区的水资源数量多少，质量如何，在不同时期的可利用水量、可供水量是多少，用这些可利用的水量能够生产出多少工农业产品，人均占有工农业产品的数量是多少，生活水平可以达到什么程度，合理的人口承载量是多少。

（二）水资源承载能力的内涵

从水资源承载能力的含义来分析，至少具有如下几点内涵。

在水资源承载能力的概念中，主体是水资源，客体是人类及其生存的社会经济系统和环境系统，或更广泛的生物群体及其生存需求。水资源承载能力就是要满足客体对主体的需求或压力，也就是水资源对社会经济发展的支撑规模，水资源承载能力具有空间属性。它是针对某一区域来说的，因为不同区域的水资源量、水资源可利用量、需水量以及社会发展水平、经济结构与条件、生态环境问题等方面可能不同，水资源承载能力也可能不同；因此，在定义或计算水资源承载能力时，首先要圈定研究区域范围。

水资源承载能力具有时间属性。在众多定义中均强调"在某一阶段"。这是因为在不同时段内，社会发展水平、科技水平、水资源利用率、污水处理率、用水定额以及人均对水资源的需求量等均有可能不同。因此，在水资源承载能力定义或计算时，也要指明研究时段，并注意不同阶段的水资源承载能力可能有变化。

水资源承载能力对社会经济发展的支撑标准应该以"可承载"为准则。在水资源承载能力概念和计算中，必须要回答水资源对社会经济发展支撑到什么标准时才算是最大限度的支撑。也只有在定义了这个标准后，才能进一步计算水资源承载能力。一般把"维系生态系统良性循环"作为水资源、承载能力的基本准则。

必须承认水资源系统与社会经济系统、生态环境系统之间是相互依赖、相互影响的复杂关系。不能孤立地计算水资源系统对某一方面的支撑作用，而是要把水资源系统与社会经济系统、生态环境系统联合起来进行研究，在水资源-社会经济-生态环境复合大系统中，寻求满足水资源可承载条件的最大发展规模，这才是水资源承载能力。

"满足水资源承载能力"仅仅是可持续发展量化研究可承载准则（可承载准则包括资源可承载、环境可承载。资源可承载又包括水资源可承载、土地资源可承载等）的一部分，它还必须配合其他准则（有效益、可持续），才能保证区域可持续发展。因此，在研究水资源合理配置时，要以水资源承载能力为基础。以可持续发展为准则（包括可承载、有效益、可持续），建立水资源优化配置模型。

（三）水资源承载能力衡量指标

根据水资源承载能力的概念及内涵的认识，对水资源承载能力可以用3个指标来衡量：

1.可供水量的数量

地区（或流域）水资源的天然生产力有最大、最小界限，一般以多年平均产出量（水量）表示，其量基本上是个常数，也是区域水资源承载能力的理论极限值，可用总水量、单位水量表示。可供水量是指地区天然的和人工可控的地表与地下径流的一次性可利用的水量，其中包括人民生活用水、工农业生产用水、保护生态环境用水和其他用水等。可供水量的最大值将是供水增长率为零时的相应水量。一些专家认为，经济合理的水资源可利用量约为水资源量的60%~70%。

2.区域人口数量限度

在一定生活水平和生态环境质量下，合理分配给人口生活用水、环卫用水所能供养的人口数量的限度；或计划生育政策下，人口增长率为零时的水资源供给能力，也就是水资源能够养活人口数量的限度。

3.经济增长的限度

在合理分配给国民经济的生产用水增长率为零时，或经济增长率因受水资源供应限制为"零增长"时，国民经济增长将达到最大限度或规模，这就是单项水资源对社会经济发展的最大支持能力。

应该说明，一个地区的人口数量限度和国民经济增长限度，并不完全取决于水资源供应能力。但是，在一定的空间和时间，由于水资源紧缺和匮乏，它很可能是该地区持续发展的"瓶颈"资源，我们不得不早做研究，寻求对策。

二、水资源承载能力研究的主要内容、特性及影响因素

（一）水资源承载能力的主要研究内容

水资源承载能力研究是属于评价、规划与预测一体化性质的综合研究，它以水资源评价为基础，以水资源合理配置为前提，以水资源潜力和开发前景为核心，以系统分析和动态分析为手段，以人口、资源、经济和环境协调发展为目标，由于受水资源总量、社会经济发展水平和技术条件以及水环境质量的影响，在研究过程中，必须充分考虑水资源系统、宏观经济系统、社会系统以及水环境系统之间的相互协调与制约关系。水资源承载能力的主要研究内容包括：

1.水资源与其他资源之间的平衡关系：在国民经济发展过程中，水资源与国土资源、矿藏资源、森林资源、人口资源、生物资源、能源等之间的平衡匹配关系。

2.水资源的组成结构与开发利用方式：包括水资源的数量与质量、来源与组成，水资源的开发利用方式及开发利用潜力，水利工程可控制的面积、水量，水利工程的可供水量、供水保证率。

3.国民经济发展规模及内部结构：国民经济内部结构包括工农业发展比例、农林牧副渔发展比例、轻工重工发展比例、基础产业与服务业的发展比例等。

4.水资源的开发利用与国民经济发展之间的平衡关系：使有限的水资源在国民经济各部门中达到合理配置，充分发挥水资源的配置效率，使国民经济发展趋于和谐。

5.人口发展与社会经济发展的平衡关系：通过分析人口增长变化趋势、消费水平变化趋势，研究预期人口对工农业产品的需求与未来工农业生产能力之间的平衡关系。

6.通过上述五个层次内容的研究，寻求进一步开发水资源的潜力，提高水资源承载能力的有效途径和措施，探讨人口适度增长、资源有效利用、生态环境逐步改善、经济协调发展的战略和对策。

（二）水资源承载能力的特性

随着科学技术的不断发展，人类适应自然、改造自然的能力逐渐增强.人类生存的环境正在发生重大变化，尤其是近年来，变化的速度渐趋迅速，变化本身也更为复杂。与此同时，人类对于物质生活的各种需求不断增长，因此水资源承载能力在概念上具有动态性、跳跃性、相对极限性、不确定性、模糊性和被承载模式的多样性。

1.动态性

动态性是指水资源承载能力的主体（水资源系统）和客体（社会经济系统）都随着具体历史的不同发展阶段呈动态变化。水资源系统本身量和质的不断变化，导致其支持能力也相应发生变化，而社会体系的运动使得社会对水资源的需求也是不断变化的。这使得水资源承载能力与具体的历史发展阶段有直接的联系，不同的发展阶段有不同的承载能力，体现在两个方面：一是不同的发展阶段人类开发水资源的能力不同；二是不同的发展阶段人类利用水资源的水平也不同。

2.跳跃性

跳跃性是指承载能力的变化不仅仅是缓慢的和渐进的.而且在一定的条件下会发生突变。突变一种可能是由于科学技术的提高、社会结构的改变或者其他外界资源的引入，使系统突破原来的限制，形成新格局。另一种是出于系统环境破坏的日积月累或在外界的极大干扰下引起的系统突然崩溃。跳跃性其实属于动态性的一种表现，但由于其引起的系统状态的变化是巨大的，甚至是突变的，因此有必要专门指出。

3.相对极限性

相对极限性是指在某一具体的历史发展阶段，水资源承载能力具有的最大特性，即可能的最大承载指标。如果历史阶段改变了，那么水资源的承载能力也会发生一定的变化。因此，水资源承载能力的研究必须指明相应的时间断面。相对极限性还体现在水资源开发利用程度是绝对有限的，水资源利用效率是相对有限的，不可能无限制地提高和增加。当社会经济和技术条件发展到较高阶段时，人类采取最合理的配置方式，使区域水资源对经济发展和生态保护达到最大支撑能力，此时的水资源承载能力达到极限理论值。

4.不确定性

不确定性的原因既可能来自于承载能力的主体也可能来自于承载能力的客体。水资源系统本身受天文、气象、下垫面以及人类活动的影响，造成水文系列的变异，使人们对它的预测目前无法形成确定的范围。区域社会和经济发展及环境变化，是一个更为复杂的系统，决定着需水系统的复杂性及不确定性；两方面的因素加上人类对客观世界和自然规律认识的局限性，决定了水资源承载能力的不确定性，同时决定了它在具体的承载指标上存在着一定的模糊性。

5.模糊性

模糊性是指由于系统的复杂性和不确定因素的客观存在以及人类认识的局限性，决定了水资源承载能力在具体的承载指标上存在着一定的模糊性。

6.被承载模式的多样性

被承载模式的多样性也就是社会发展模式的多样性。人类消费结构不是固定不变的，而是随着生产力的发展而变化的，尤其是在现代社会中，国与国、地区与地区之间的经贸关系弥补了一个地区生产能力的不足，使得一个地区可以不必完全靠自己的生产能力生产自己的消费产品，因此社会发展模式不是唯一的。如何利用有限的水资源支持适合自己条件的社会发展模式则是水资源承载能力研究不可回避的决策问题。

第四节　水资源利用工程

一、地表水资源利用工程

（一）地表水取水构筑物的分类

地表水取水构筑物的形式应适应特定的河流水文、地形及地质条件，同时应考虑到取水构筑物的施工条件和技术要求。由于水源自然条件和用户对取水的要求各不相同，因此地表水取水构筑物有多种不同的形式。

地表水取水构筑物按构造形式可分为固定式取水构筑物、活动式取水构筑物和山区浅水河流取水构筑物三大类，每一类又有多种形式，各自具有不同的特点和适用条件。

1.固定式取水构筑物

固定式取水构筑物按照取水点的位置，可分为岸边式、河床式和斗槽式；按照结构类型，可分为合建式和分建式；河床式取水构筑物按照进水管的形式，可分为自流管式、虹吸管式、水泵直接吸水式、桥墩式；按照取水泵型及泵房的结构特点，可分为干式、湿式泵房和淹没式、非淹没式泵房；按照斗槽的类型，可分为顺流式、逆流式、侧坝进水逆流式和双向式。

2.活动式取水构筑物

活动式取水构筑物可分为缆车式和浮船式。缆车式按坡道种类可分为斜坡式和斜桥式浮船式按水泵安装位置可分为上承式和下承式；按接头连接方式可分为阶梯式连接和摇臂式连接。

3.山区浅水河流取水构筑物

山区浅水河流取水构筑物包括底栏栅式和低坝式c低坝式可分为固定低坝式和活动低坝式（橡胶坝、浮体闸等

（二）取水构筑物形式的选择

取水构筑物形式的选择，应根据取水量和水质要求，结合河床地形及地质、河床冲淤、水深及水位变幅、泥沙及漂浮物、冰情和航运等因素，并充分考虑施工条件和施工方法，在保证安全可靠的前提下，通过技术经济比较确定。

取水构筑物在河床上的布置及其形状的选择，应考虑取水工程建成后不致因水流情况的改变而影响河床的稳定性。

在确定取水构筑物形式时，应根据所在地区的河流水文特征及其他一些因素，选用不同特点的取水形式。西北地区常采用斗槽式取水构筑物，以减少泥沙和防止冰凌；对于水位变幅特大的重庆地区常采用土建费用省、施工方便的湿式深井泵房；广西地区对能节省土建工程量的淹没式取水泵房有丰富的实践经验；中南、西南地区很多工程采用了能适应水位涨落、基金投资省的活动式取水构筑物；山区浅水河床上常建造低坝式和底栏栅式取水构筑物。随着我国供水事业的发展，在各类河流、湖泊和水库兴建了许多不同规模，不同类型的地面水取水工程，如合建和分建岸边式，合建和分建河床式、低坝取水式、深井取水式、双向斗槽取水式、浮船或缆车移动取水式等。

1.在游荡型河道上取水

在游荡型河道上取水要比在稳定河道上取水难得多。游荡型河段河床经常变迁不定，必须充分掌握河床变迁规律.分析变迁原因，顺乎自然规律选定取水点，修建取水工程，应慎重采取人工导流措施，

2.在水位变幅大的河道取水

我国西南地区如四川很多河流水位变幅都在30m以上，在这样的河道上取水，当供水量不太大时，可以采用浮船式取水构筑物。因活动式取水构筑物安全可靠性较差，操作管理不便，因此可以采用湿式竖井泵房取水，不仅泵房面积小，而且操作较为方便。

3.在含砂量大及冬季有潜冰的河道上取水

黄河是举世闻名、世界仅有的高含砂量河流，为了减少泥沙的进入，兰州市水厂采用了斗槽式取水构筑物，该斗槽的特点是在其上、下游均设进水口，平时运行由下游斗槽口进水，这样夏季可减少含砂量进入，冬季可使水中的潜冰浮在斗槽表面，防止潜冰进入取水泵。上游进水口设有闸门，当斗槽内积泥沙较多时，可提闸冲砂。

（三）地表水取水构筑物位置的选择

在开发利用河水资源时，取水地点（即取水构筑物位置）的选择是否恰当，直接影响取水的水质、水量、安全可靠性及工程的投资、施工、管理等。因此应根据取水河段的水文、地形、地质及卫生防护，河流规划和综合利用等条件全面分析，综合考虑。地表水取水构筑物位置的选择，应根据下列基本要求，通过技术经济比较确定：

1.取水点应设在具有稳定河床、靠近主流和有足够水深的地段

取水河段的形态特征和岸形条件是选择取水口位置的重要因素，取水口位置应选在比较稳定、含沙量不太高的河段，并能适应河床的演变。不同类型河段适宜的取水位置如下：

（1）顺直河段

取水点应选在主流靠近岸边、河床稳定、水深较大、流速较快的地段，通常也就是河流较窄处，在取水口处的水深一般要求不小于2.5m。

（2）弯曲河段

如前所述，弯曲河道的凹岸在横向环流的作用下，岸陡水深，泥沙不易淤积，水质较好.且主流靠近河岸，因此凹岸是较好的取水地段。但取水点应避开凹岸主流的顶冲点（即主流最初靠近凹岸的部位），一般可设在顶冲点下游15～20m，同时也是冰水分层的河段。因为凹岸容易受冲刷，所以需要一定的护岸工程。为了

减少护岸工程量，也可以将取水口设在凹岸顶冲点的上游处。具体如何选择，应根据取水构筑物的规模和河岸地质情况确定。

（3）游荡型河段

在游荡性河段设置取水构筑物，特别是固定式取水构筑物比较困难，应结合河床、地形、地质特点，将取水口布置在主流线密集的河段上，必要时需改变取水构筑物的形式或进行河道整治以保证取水河段的稳定性。

（4）有边滩、沙洲的河段

在这样的河段上取水，应注意了解边滩和沙洲形成的原因、移动的趋势和速度，不宜将取水点设在可移动的边滩、沙洲的下游附近.以免被泥沙堵塞，一般应将取水点设在上游距沙洲500m以远处0

（5）有支流汇入的顺直河段

在有支流汇入的河段上，由于干流、支流涨水的幅度和先后次序不同，容易在汇入口附近形成"堆积锥而因此取水口应离开支流入口处上下游有足够的距离，一般取水口多设在汇入口干流的上游河段上。

2.取水点应尽量设在水质较好的地段

为了取得较好的水质，取水点的选择应注意以下几点：

（1）生活污水和生产废水的排放常常是河流污染的主要原因，因此供生活用水的取水构筑物应设在城市和工业企业的上游，距离污水排放口上游100m以远，并应建立卫生防护地带，如岸边有污水排放，水质不好，则应伸入江心水质较好处取水。

（2）取水点应避开河流中的回流区和死水区，以减少水中泥沙、漂浮物进入和堵塞取水口。

（3）在沿海地区受潮汐影响的河流上设置取水构筑物时，应考虑到海水对河水水质的影响。

二、地下水资源利用工程

（一）地下水取水构筑物的分类

从地下含水层取集表层渗透水、潜水、承压水和泉水等地下水的构筑物，有管井、大口井、辐射井、渗渠、泉室等类型。

管井：目前应用最广的形式，适用于埋藏较深、厚度较大的含水层。一般用钢管做井壁.在含水层部位设滤水管进水，防止沙砾进入井内。管井口径通常在500mm以下，深几十米至百余米，甚至几百米。单井出水量一般为每日数百至数千立方米。管井的提水设备一般为深井泵或深井潜水泵。管井常设在室内。

大口井：也称宽井，适用于埋藏较浅的含水层。井的口径通常为3m～10m。井身用钢筋混凝土、砖、石等材料砌筑。取水泵房可以和井身合建也可分建，也有几个大口井用虹吸管相连通后合建一个泵房的。大口井由井壁进水或与井底共同进水，井壁上的进水孔和井底均应填铺一定级配的沙砾滤层，以防取水时进砂，单井出水量一般较管井要大。中国东北地区及铁路供水应用较多。

辐射井：适用于厚度较薄、埋深较大、砂粒较粗而不含漂卵石的含水层。从集水井壁上沿径向设置辐射井管借以取集地下水的构筑物。辐射管口径一般为100mm～250mm，长度为10m～30m。单井出水量大于管井。

渗渠：适用于埋深较浅、补给和透水条件较好的含水层。利用水平集水渠以取集浅层地下水或河床、水库底的渗透水的取水构筑物。由水平集水渠、集水井和泵站组成，集水渠由集水管和反滤层组成，集水管可以为穿孔的钢筋混凝土管或浆砌块石暗渠。集水管口径一般为0.5m～1.0m，长度为数十米至数百米，管外设置由砂子和级配砾石组成的反滤层.出水量一般为20～30m³/d。

泉室：取集泉水的构筑物，对于由下而上涌出地面的自流泉，可用底部进水的泉室，其构造类似大口井。

对于从倾斜的山坡或河谷流出的潜水泉，可用侧面进水的泉室。泉室可用砖、石、钢筋混凝土结构，应设置溢水管、通气管和放空管，并应防止雨水的污染：

（二）地下水水源地的选择

水源地的选择，对于大中型集中供水，关键是确定取水地段的位置与范围；对于小型分散供水而言，则是确定水井的井位。它不仅关系到水源地建设的投资，而且关系到是否能保证水源地长期经济、安全地运转和避免产生各种不良环境地质作用。

水源地选择是在地下水勘查基础上，由有关部门批准后确定的。

1.集中式供水水源地的选择

进行水源地选择，首先考虑的是能否满足需水量的要求，其次是它的地质环境与利用条件。

（1）水源地的水文地质条件

取水地段含水层的富水性与补给条件，是地下水水源地的首选条件因此，应尽可能选择在含水层层数多、厚度大、渗透性强、分布广的地段上取水，如选择冲洪积扇中上游的砂砾石带和轴部，河流的冲积阶地和高漫滩，冲积平原的古河床、厚度较大的层状与似层状裂隙和岩溶含水层、规模较大的断裂及其他脉状基岩含水带。

在此基础上，应进一步考虑其补给条件。取水地段应有较好的汇水条件，应是可以最大限度拦截区域地下径流的地段或接近补给水源和地下水的排泄区；应是能充分夺取各种补给量的地段。例如在松散岩层分布区，水源地尽量靠近与地下水有密切联系的河流岸边，在基岩地区，应选择在集水条件最好的背斜倾没端、浅埋向斜的核部、区域性阻水界面迎水一侧；在岩溶地区，最好选择在区域地下径流的主要径流带的下游，或靠近排泄区附近。

（2）水源地的地质环境

在选择水源地时，要从区域水资源综合平衡方面出发，尽量避免出现新旧水源地之间、工业和农业用水之间、供水与矿山排水之间的矛盾。也就是说，新建水源地应远离原有的取水或排水点，减少互相干扰。

为保证地下水的水质，水源地应远离污染源，选择在远离城市或工矿排污区的上游，应远离已污染（或天然水质不良）的地表水体或含水层的地段，避开易于使水井淤塞、涌砂或水质长期混浊的流沙层或岩溶充填带。在滨海地区，应考虑海水入侵对水质的不良影响，为减少垂向污水渗入的可能性，最好选择在含水层上部有稳定隔水层分布的地段。此外，水源地应选在不易引起地面沉降、塌陷、地裂等有害工程地质作用的地段上。

（3）水源地的经济性、安全性和扩建前景

在满足水量、水质要求的前提下，为节省建设投资，水源地应靠近供水区，少占耕地；为降低取水成本，应选择在地下水浅埋或自流地段；河谷水源地要考虑水井的淹没问题；人工开挖的大口径取水工程，则要考虑井壁的稳固性。当有多个水源地方案可供比较时，未来扩大开采的前景条件，也常常是必须考虑的因素之一。

第五节　水资源保护

水为人类社会进步、经济发展提供必要的基本物质保证的同时，施加于人类诸如洪涝等各种无情的自然灾害，对人类的生存构成极大威胁，人的生命财产遭受到难以估量的损失，长期以来，由于人类对水认识上存在误区，认为水是取之不尽、用之不竭的最廉价资源，无序的掠夺性开采与不合理利用现象十分普遍，由此产生了一系列水与水资源有关的环境、生态和地质灾害问题，严重制约了工业生产发展和城市化进程，威胁着人类的健康和安全；目前，在水资源开发利用中表现出水资源短缺、生态环境恶化、地质环境不良、水资源污染严重、缺水显著、水资源浪费巨大。显然，水资源的有效保护，水污染的有效控制已成为人类社会持续发展的一项重要的课题。

一、水资源保护的概念

水资源保护，从广义上应该涉及地表水和地下水水量与水质的保护与管理两个方面。也就是通过行政的、法律的、经济的手段，合理开发、管理和利用水资源，保护水资源的质、量供应，防止水污染、水源枯竭、水流阻塞和水土流失，以满足社会实现经济可持续发展对淡水资源的需求，在水量方面，尤其要全面规划、统筹兼顾、综合利用、讲求效益，发挥水资源的多种功能，同时也要顾及环境保护要求和改善生态环境的需要；在水质方面，必须减少和消除有害物质进入水环境，防治污染和其他公害，加强对水污染防治的监督和管理，维持良好水质状态，实现水资源的合理利用与科学管理。

二、水资源保护的任务和内容

城市人口的增长和工业生产的发展，给许多城市水资源和水环境保护带来很大压力。农业生产的发展要求灌溉水量增加，对农业节水和农业污染控制与治理提出更高的要求。实现水资源的有序开发利用保持水环境的良好状态、是水资源保护管理的重要内容和首要任务。具体为：

1.改革水资源管理体制并加强其能力建设，切实落实与实施水资源的统一管理，有效合理分配。

2.提高水污染控制和污水资源化的水平，保护与水资源有关的生态系统实现水资源的可持续利用，消除次生的环境问题，保障生活、工业和农业生产的安全供水，建立安全供水的保障体系。

3.强化气候变化对水资源的影响及其相关的战略性研究。

4.研究与开发与水资源污染控制与修复有关的现代理论、技术体系。

5.强化水环境监测，完善水资源管理体制与法律法规，加大执法力度，实现依法治水和管水。

三、水资源保护措施

（一）加强水资源保护立法，实现水资源的统一管理

1.行政管理

建立高效有力的水资源统一管理行政体系，充分体现和行使国家对水资源的统一管理权，破除行业、部门、地区分割，形成跨行业、跨地区、跨部门的地表水与地下水统一管理的行政体系。

同时进一步明确统一管理与分级管理的关系、流域管理与区域管理的关系、

兴利与除害的关系等，建立一个以水资源国家所有权为中心，分级管理、监督到位、关系协调、运行有效，对水资源开发、利用、保护实施全过程动态调控的水资源统一管理体制。

2.立法管理

依靠法治实现水资源的统一管理，是一种新的水资源管理模式，它的基本要求就是必须具备与实现和统一管理相适应的法律体系与执法体系。

（二）节约用水，提高水的重复利用率

节约用水，提高水的重复利用率是克服水资源短缺的重要措施。工业、农业和城市生活用水具有巨大的节水潜力；在节水方面，世界上一些发达国家取得了重大进展。美国从20世纪80年代开始，总用水量及人均用水量均呈逐年减少的趋势。年总用水量80年代平均为6100亿 m^2，1990年为5640亿 m^2，2010年减少到4906亿 m^2；年人均用水量从2600 m^2 减至1567 m^2。日本自20世纪60年代以来，工业用水量于70年代末、农业用水量于80年代初分别达到零增长和负增长。

（三）实施流域水资源的统一管理

流域水资源管理与污染控制是一项庞大的系统工程，必须从流域、区域和局部的水质水量综合控制、综合协调和整治才能取得较为满意的效果。

三、天然水的组成与性质

（一）水的基本性质

1.水的分子结构

水分子是由一个氧原子和两个氢原子通过共价键结合所形成的。通过对水分子结构的测定分析，两个O-H键之间的夹角为104.5°，H-O键的键长为96pm。由于氧原子的电负性大于氢原子，O-H的成键电子对更趋向于氧原子而偏离氢原子，从而氧原子的电子云密度大于氢原子，使得水分子具有较大的偶极矩（$\mu=1.84D$），是一种极性分子。水分子的这种性质使得自然界中具有极性的化合物容易溶解在水中。水分子中氧原子的电负性大，O-H的偶极矩大，使得氢原子部分正电荷，可以把另一个水分子中的氧原子吸引到很近的距离形成氢键。水分子间氢键能为18.81kJ/mol，约为O-H共价键的1/20氢键的存在，增强了水分子之间的作用力。冰融化成水或者水汽化生成水蒸气，都需要环境中吸收能量来破坏氢键。

2.水的物理性质

水是一种无色、无味、透明的液体，主要以液态、固态、气态三种形式存在。水本身也是良好的溶剂，大部分无机化合物可溶于水。由于水分子之间氢键的存在，使水具有许多不同于其他液体的物理、化学性质，从而决定了水在人类生命

过程和生活环境中无可替代的作用。

（1）凝固（熔）点和沸点

在常压条件下，水的凝固点为0℃，沸点为100℃。水的凝固点和沸点与同一主族元素的其他氢化物熔点、沸点的递变规律不相符，这是由于水分子间存在氢键的作用。水的分子间形成的氢键会使物质的熔点和沸点升高，这是因为固体熔化或液体汽化时必须破坏分子间的氢键，从而需要消耗较多能量。水的沸点会随着大气压力的增加而升高，而水的凝固点随着压力的增加而降低。

（2）密度

在大气压条件下，水的密度在4℃工时最大，为$1 \times 10^3 kg/m^3$，温度高于4℃时，水的密度随温度升高而减小，在0~4℃时，密度随温度的升高而增加。

水分子之间能通过氢键作用发生缔合现象。水分子的缔合作用是一种放热过程，温度降低，水分子之间的缔合程度增大。当温度≤0℃，水以固态的冰的形式存在时，水分子缔合在一起成为一个大的分子。冰晶体中，水分子中的氧原子周围有四个氢原子，水分子之间构成一个四面体状的骨架结构。冰的结构中有较大的空隙，所以冰的密度反比同温度的水小。

当冰从环境中吸收热量，融化生成水时，冰晶体中一部分氢键开始发生断裂，晶体结构崩溃，体积减小，密度增大。当温度进一步升高时，水分子间的氢键被进一步破坏，体积进而继续减小，使得密度增大；同时，温度的升高增加了水分子的动能，分子振动加剧，水具有体积增加而密度减小的趋势。在这两种因素的作用下，水的密度在4℃时最大。

水的这种反常的膨胀性质对水生生物的生存发挥了重要的作用。因为寒冷的冬季，河面的温度可以降低到冰点或者更低，这是无法适合动植物生存的。当水结冰的时候，冰的密度小，浮在水面，4℃的水由于密度最大，而沉降到河底或者湖底，可以保护水下生物的生存。而当天暖的时候，冰在上面也是最先融化。

（3）高比热容、高汽化热

水的比热容为$4.18 \times 10^3 J/(kg \cdot K)$，是常见液体和固体中最大的。水的汽化热也极高，在2℃下为2.4×10^3（KJ/kg）。正是由于这种高比热容、高汽化热的特性，地球上的海洋、湖泊、河流等水体白天吸收到达地表的太阳光热能，夜晚又将热能释放到大气中，避免了剧烈的温度变化，使地表温度长期保持在一个相对恒定的范围内。通常生产上使用水做传热介质，除了它分布广外，主要是利用水的高比热容的特性。

（4）高介电常数

水的介电常数在所有的液体中是最高的，可使大多数蛋白质、核酸和无机盐能够在其中溶解并发生最大限度的电离，这对营养物质的吸收和生物体内各种生化反应的进行具有重要意义。

（5）水的依数性

水的稀溶液中，由于溶质微粒数与水分子数的比值的变化，会导致水溶液的蒸汽压、凝固点、沸点和渗透压发生变化。

（6）透光性

水是无色透明的，太阳光中可见光和波长较长的紫外线部分可以透过，使水生植物光合作用所需的光能够到达水面以下的一定深度，而对生物体有害的短波远紫外线则几乎不能通过。这在地球上生命的产生和进化过程中起到了关键的作用，对生活在水中的各种生物具有至关重要的意义。

3.水的化学性质

（1）水的化学稳定性

在常温常压下，水是化学稳定的，很难分解产生氢气和氧气。在高温和催化剂存在的条件下，水会发生分解，同时电解也是水分解的一种常用方式。

水在直流电作用下，分解生成氢气和氧气。工业上用此法制纯氢和纯氧。

（2）水合作用

溶于水的离子和极性分子能够与水分子发生水合作用，相互结合，生成水合离子或者水合分子。这一过程属于放热过程。水合作用是物质溶于水时必然发生的一个化学过程.只是不同的物质水合作用方式和结果不同。

（3）水解反应

物质溶于水所形成的金属离子或者弱酸根离子能够与水发生水解反应，弱酸根离子发生水解反应，生成相应的共轭酸。

（二）天然水的组成

天然水在形成和迁移的过程中与许多具有一定溶解性的物质相接触，由于溶解和交换作用，使得天然水体富含各种化学组分。天然水体所含有的物质主要包括无机离子、溶解性气体、微量元素、水生生物、有机物以及泥沙和黏土等。

1.天然水中的主要离子

重碳酸根离子和碳酸根离子在天然水体中的分布很广，几乎所有水体都有它的存在，主要来源于碳酸盐矿物的溶解。一般河水与湖水中超过250mg/L在地下水中的含量略高造成这种现象的原因在于在水中如果要保持大量的重碳酸根离子，则必须有大量的二氧化碳，而空气中二氧化碳的分压很小、二氧化碳很容易从水中溢出。

天然水中的氯离子是水体中常见的一种阴离子，主要来源于火成岩的风化产物和蒸发盐矿物。它在水中有广泛分布，在水中含量变化范围很大，一般河流和湖泊中含量很小，要用mg/L来表示。但随着水矿化度的增加，氯离子的含量也在增加，在海水以及部分盐湖中，氯离子含量达到10g/L以上，而且成为主要阴离子。

硫酸根离子是天然水中重要的阴离子，主要来源于石膏的溶解、自然硫的氧化、硫化物的氧化、火山喷发产物、含硫植物及动物体的分解和氧化。硫酸根离子分布在各种水体中，河水中硫酸根离子含量在0.8~199.0mg/L之间；大多数的淡水湖泊，其硫酸根离子含量比河水中含量高；在干旱地区的地表及地下水中，硫酸根离子的含量往往可达到几g/L；海水中硫酸根离子含量为2~3g/L，而在海洋的深部，由于还原作用，硫酸根离子有时甚至不存在。硫酸盐含量不高时，对人体健康几乎没有影响，但是当含量超过250mg/L时，有致泻作用，同时高浓度的硫酸盐会使水有微苦涩味，因此，国家饮用水水质标准规定饮用水中的硫酸盐含量不超过250mg/L。

钙离子是大多数天然淡水的主要阳离子。钙广泛地分布于岩石中，沉积岩中方解石、石膏和萤石的溶解是钙离子的主要来源。河水中的钙离子含量一般为20mg/L左右。镁离子主要来自白云岩以及其他岩石的风化产物的溶解，大多数天然水中镁离子的含量在1~40mg/L，一般很少有以镁离子为主要阳离子的天然水。通常在淡水中的阳离子以钙离子为主；在咸水中则以钠离子为主。水中的钙离子和镁离子的总量称为水体的总硬度。硬度的单位为度，硬度为1度的水体相当于含有10mg/L的CaO_2。

水体过软时，会引起或加剧身体骨骼的某些疾病，因此，水体中适当的钙含量是人类生活不可或缺的。排水体的硬度过高时，饮用会引起人体的肠胃不适，同时也不利于人们生活中的洗涤和烹饪；当高硬度水用于锅炉时，会在锅炉的内壁结成水垢，影响传热效率，严重时还会引起爆炸，所以高硬度水用于工业生产中应该进行必要的软化处理。

钠离子主要来自火成岩的风化产物，天然水中的含量在1~500mg/L范围内变化。含钠盐过高的水体用于灌溉时，会造成土壤的盐渍化，危害农作物的生长。同时，钠离子具有固定水分的作用，原发性高血压病人和浮肿病人需要限制钠盐的摄取量。钾离子主要分布于酸性岩浆岩及石英岩中。在天然水中的含量要远低于钠离子。在大多数饮用水中，钾离子的含量一般小于20mg/L；而某些溶解性固体含量高的水和温泉中，钾离子的含量高达100mg/L。

2.溶解性气体

天然水体中的溶解性气体主要有氧气、二氧化碳、硫化氢等。

天然水中的溶解性氧气主要来自大气的复氧作用和水生植物的光合作用。溶解在水体中的分子氧称为溶解氧，溶解氧在天然水中起着非常重要的作用。水中动植物及微生物需要溶解氧来维持生命，同时溶解氧是水体中发生的氧化还原反应的主要氧化剂，此外水体中有机物的分解也是好氧微生物在溶解氧的参与下进行的。水体中的溶解氧是一项重要的水质参数、溶解氧的数值不仅受大气复氧速率和水生植物的光合速率影响，还受水体中微生物代谢有机污染物的速率影响，当水体中可降解的有机污染物浓度不是很高时，好氧细菌消耗溶解氧分解有机物，溶解氧的数值降低到一定程度后不再下降；而当水体中可降解的有机污染物较高，超出了水体自然净化的能力时，水体中的溶解氧可能会被耗尽，厌氧细菌的分解作用占主导地位，从而产生臭味。

天然水中的二氧化碳主要来自水生动植物的呼吸作用。从空气中获取的二氧化碳几乎只发生在海洋中，陆地上的水体很少从空气中获取二氧化碳，因为陆地水中的二氧化碳含量经常超过它与空气中二氧化碳保持平衡时的含量，水中的二氧化碳会溢出。河流和湖泊中二氧化碳的含量一般不超过30mg/L。

天然水中的硫化氢来自水体底层中各种生物残骸腐烂过程中含硫蛋白质的分解，水中的无机硫化物或硫酸盐在缺氧条件下，也可还原成硫化氢。一般来说硫化氢位于水体的底层，当水体受到扰动时，硫化氢气体就会从水体中溢出。当水体中的硫化氢含量达到10mg/L时，水体就会发出难闻的臭味。

3.微量元素

所谓微量元素是指在水中含量小于0.1%的元素。在这些微量元素中比较重要的有卤素（氟、溴、碘）、重金属（铜、锌、铅、钴、镍、钛、汞、镉）和放射性元素等。尽管微量元素的含量很低，但与人的生存和健康息息相关，对人的生命起至关重要的作用。它们的摄入过量、不足、不平衡或缺乏都会不同程度地引起人体生理的异常或发生疾病。

4.水生生物

天然水体中的水生生物种类繁多，有微生物、藻类以及水生高等植物、各种无脊椎动物和脊椎动物。水体中的微生物是包括细菌、病毒、真菌以及一些小型的原生动物、微藻类等在内的一大类生物群体，它个体微小，却与水体净化能力关系密切。微生物通过自身的代谢作用（异化作用和同化作用）使水中悬浮和溶解在水里的有机物污染物分解成简单、稳定的无机物二氧化碳。水体中的藻类和高级水生植物通过吸附、利用和浓缩作用去除或者降低水体中的重金属元素和水体中的氮、磷元素。生活在水中的较高级动物如鱼类，对水体的化学性质影响较小，但是水质对鱼类的生存影响却很大。

5.有机物

天然水体的有机物主要来源于水体和土壤中的生物的分泌物和生物残体以及人类生产生活所产生的污水，包括碳水化合物、蛋白质、氨基酸、脂肪酸、色素、纤维素、腐殖质等。水中的可降解有机物的含量较高时，有机物的降解过程中会消耗大量的溶解氧，导致水体腐败变臭。当饮用水源有机物含量比较高时，会降低水处理工艺的处理效果，并且会增加消毒副产物的生成量。

第六节　水资源保护措施

根据美国《科学》杂志日前公布的一份研究结果称，中国近2000万人生活在水源遭到砷污染的高危地区。

早在20世纪60年代，中国一些省份的地下水就已知受到了砷污染。

自那以后，受影响人口的数量连年增长。即使长期接触少量的砷也可能引发人体机能严重失调，包括色素沉着、皮肤角化病、肝肾疾病和多种癌症。

世界：卫生组织指出，每升低于10μg的砷含量对人体是安全的，在中国某些地区例如内蒙古，水中的砷含量高达1500μg/L。新疆内蒙古、甘肃、河南和山东等省都有高危地区。中国砷含量可能超过10g/L的地区总面积估计在58万km²左右，近2000万人生活在砷污染高危地区，砷中毒是国内一种"最严重的地方性疾病"，其慢性不良反应包括癌症、糖尿病和心血管病。中国一直在对水井进行耗时的检测，不过这个过程需要数十年时间才能完成，这也促使相关研究人员制作有效的电脑模型，以便能预测出哪些地区最有可能处于危险当中。

相关研究表明，1470万人所生活的地区水污染水平超出了世界卫生组织建议的10μg/L，还有大约600万人所生活的地区水污染是上述建议值的5倍以上。

根据《中华人民共和国水法》和《中华人民共和国水污染防治法》的相关规定，中国公民有义务按照以下措施对水资源进行保护。

一、加强节约用水管理

依据《中华人民共和国水法》和《中华人民共和国水污染防治法》有关节约用水的规定，从四个方面抓好落实。

（一）落实建设项目节水"三同时"制度

即新建、扩建、改建的建设项目，应当制订节水措施方案并配套建设节水设施：节水设施与主体工程同时设计、同时施工同时投产：今后新、改、扩建项目，先向水务部门报送节水措施方案，经审查同意后，项目主管部门才批准建设，项目完工后，对节水设施验收合格后才能投入使用，否则供水企业不予供水。

（二）大力推广节水工艺，节水设备和节水器具

新建、改建、扩建的工业项目，项目主管部门在批准建设和水行政主管部门

批准取水许可时，以生产工艺达到省规定的取水定额要求为标准；对新建居民生活用水、机关事业及商业服务业等用水强制推广使用节水型用水器具，凡不符合要求的，不得投入使用。通过多种方式促进现有非节水型器具改造，对现有居民住宅供水计量设施全部实行户表外移改造，所需资金由地方财政、供水企业和用户承担，对新建居民住宅要严格按照"供水计量设施户外设置"的要求进行建设。

（三）调整农业结构，建设节水型高效农业

推广抗旱、优质农作物品种，推广工程措施、管理措施、农艺措施和生物措施相结合的高效节水农业配套技术，农业用水逐步实行计量管理、总量控制，实行节奖超罚的制度，适时开征农业水资源费，由工程节水向制度节水转变。

（四）启动节水型社会试点建设工作

突出抓好水权分配、定额制定、结构调整、计量监测和制度建设，通过用水制度改革，建立与用水指标控制相适应的水资源管理体制，大力开展节水型社区和节水型企业创建活动。

二、合理开发利用水资源

（一）严格限制自备井的开采和使用

已被划定为深层地下水严重超采区的城市，今后除为解决农村饮水困难确需取水的.不再审批开凿新的自备井，市区供水管网覆盖范围内的自备井，限时全部关停；对于公共供水不能满足用户需求的自备井，安装监控设施，实行定额限量开采，适时关停。

（二）贯彻水资源论证制度

国民经济和社会发展规划以及城市总体规划的编制，重大建设项目的布局，应与当地水资源条件相适应，并进行科学论证。项目取水先期进行水资源论证，论证通过后方能由项目主管部门立项。调整产业结构、产品结构和空间布局，切实做到以水定产业，以水定规模.以水定发展，确保水资源保护与管理用水安全，以水资源可持续利用支撑经济可持续发展。

（三）做好水资源优化配置

鼓励使用再生水、微咸水、汛期雨水等非传统水资源；优先利用浅层地下水，控制开采深层地下水，综合采取行政和经济手段，实现水资源优化配置。

三、加大污水处理力度，改善水环境

1.根据《入河排污口监督管理办法》的规定，对现有入河排污口进行登记，

建立入河排污口管理档案。此后设置入河排污口的，应当在向环境保护行政主管部门报送建设项目环境影响报告书之前，向水行政主管部门提出入河排污口设置申请，水行政主管部门审查同意后，才能合理设置入河排污口。

2.积极推进城镇居民区、机关事业及商业服务业等再生水设施建设。建筑面积在万平方米以上的居民住宅小区及新建大型文化、教育、宾馆、饭店设施，都必须配套建设再生水利用设施；没有再生水利用设施的在用大型公建工程，也要完善再生水配套设施。

3.足额征收污水处理费。各省、市应当根据特定情况，制定并出台《污水处理费征收管理办法》。要加大污水处理费征收力度，为污水处理设施运行提供足够的资金支持。

4.加快城市排水管网建设，要按照"先排水管网、后污水处理设施"的建设原则，加快城市排水管网建设。在新建设时，必须建设雨水管网和污水管网，推行雨污分流排水体系：要在城市道路建设改造的同时，对城市排水管网进行雨、污分流改造和完善，提高污水收水率。

四、深化水价改革，建立科学的水价体系

1.利用价格杠杆促进节约用水、保护水资源。逐步提高城市供水价格，不仅包括供水合理成本和利润，还要包括户表改造费用、居住区供水管网改造等费用。

2.合理确定非传统水源的供水价格。再生水价格以补偿成本和合理收益原则，结合水质、用途等情况，按城市供水价格的一定比例确定。要根据非传统水源的开发利用进展情况，及时制定合理的供水价格。

3.积极推行"阶梯式水价（含水资源费）"。电力、钢铁、石油、纺织、造纸、啤酒、酒精七个高耗水行业，应当实施"定额用水"和"阶梯式水价（水资源费）"。水价分三级，级差为1:2:10。工业用水的第一级含量，按《省用水定额》确定，第二、三级水量为超出基本水量10（含）和10以上的水量。

五、加强水资源费征管和使用

1.加大水资源费征收力度。征收水资源费是优化配置水资源、促进节约用水的重要措施使用自备井（农村生活和农业用水除外）的单位和个人都应当按规定缴纳水资源费（含南水北调基金）。水资源费（含南水北调基金）主要用于水资源管理、节约、保护工作和南水北调工程建设，不得挪作他用。

2.加强取水的科学管理工作，全面推动水资源远程监控系统建设、智能水表等科技含量高的计量设施安装工作，所有自备井都要安装计量设施，切实做到水资源计量，收费和管理科学化、现代化、规范化。

六、加强领导，落实责任，保障各项制度落实到位

　　水资源管理、水价改革和节约用水涉及面广、政策性强、实施难度大，各部门要进一步提高认识，确保责任到位、政策到位。落实建设项目节水措施"三同时"和建设项目水资源论证制度，取水许可和入河排污口审批、污水处理费和水资源费征收、节水工艺和节水器具的推广都需要有法律、法规做保障，对违法、违规行为要依法查处，确保各项制度措施落实到位。要大力做好宣传工作，使人民群众充分认识中国水资源短缺的严峻形势，增强水资源的忧患意识和节约意识，形成"节水光荣，浪费可耻"的良好社会风尚，形成共建节约型社会的合力。

参考文献

［1］成敏.高效除磷活性污泥中功能菌解析及其除磷基因组学基础研究［D］.西安：西安建筑科技大学，2018.

［2］甘宇，殷实，王辉，等.物元分析法的改进及在辽河干流水质监测断面优化中的应用［J］.环境监测管理与技术，2017，29（3）：8-12.

［3］林红军，王悦，张润.水环境监测与评价［M］.成都：四川大学出版社，2017.

［4］刘甜巧，许建光，黑亮.在线恶臭电子鼻在臭气浓度监测中的应用［J］.环境科学导刊，2012（6）：127-130.

［5］苏小莉.磺胺甲恶理厌氧降解菌群的富集及降解特性研究［D］，哈尔滨：哈尔滨工业大学，2019.

［6］郁寒梅.地表水环境保护监测技术的发展与研究［J］.2021（5）391.

［8］代玉欣，李明，郁寒梅.环境监测与水资源保护［M］.吉林科学技术出版社，2021.

［9］蒋亚茹，钱雨薇，夏涛.浅谈地下水资源开发利用与保护［J］.建筑发展，2022，5（6）：86-88.

［10］孟祥永.水环境监测的质量控制和质量保证研究［J］.皮革制作与环保科技，2021.

［11］杨秀平.水质自动监测技术在水环境保护中的应用［J］.资源节约与环保，2022（10）：61-64.

［12］蒋亚茹崔昊高小旭.地下水资源管理现状与保护策略研究［J］.工程建设（维泽科技），2022，5（8）：121-123.

［13］杨维柳维.基于水资源利用与保护的节水型社会建设分析［J］.中国资源综合利用，2022，40（11）：167-170.

［14］ 邓文俊.生态环境建设与水资源的保护和利用［J］.皮革制作与环保科技，2022，3（4）：61-63.

［15］ 徐丽丽.水环境监测技术分析与监测质量控制要点研究［J］.皮革制作与环保科技，2023，4（2）：65-68.

［16］ 吕洪德.针对地表水及污染源水质的自动在线监测研究［J］.资源节约与环保，2023（3）：77-80.

［17］ 仲加林，孙步旭，薛俊.浅谈水环境监测存在的问题与对策［J］.中文科技期刊数据库（全文版）自然科学，2021（10）：3.

［18］ 连鹏.水资源生态环境监测控制途径分析［J］.中文科技期刊数据库（全文版）自然科学，2023（4）：4.

［19］ 赵常华.环境监测水质现场采样的技术要点［J］.生态环境与保护，2022，5（2）：16-18.

［20］ 叶洋宏，梁庆勋.水环境监测质量控制措施分析［J］.资源节约与环保，2021（5）：2.

［21］ 段漳波，梅永云，杨立芳.水环境监测工作现状问题与对策［J］.资源节约与环保，2021（4）：2.

［22］ 方媛，王婧，高世昌，等.地下水环境监测方法与水污染研究［J］.环境科学与管理，2023，48（4）：151-155.

［23］ 张晶.水环境中有机污染物的监测方法［J］.2022（10）：1.

［24］ 刘洋.环境监测在水环境污染治理中的应用及措施研究［J］.智能城市应用，2023，6（2）：73-75.

［25］ 欧然.环境监测在水环境污染治理中的作用及措施［J］.2021（3）：297.

［26］ 王洁，黄磊.环境水质监测分析方法现状及发展趋势［J］.皮革制作与环保科技，2021，2（12）：2.

［27］ 李蜻蛉.环境监测在水环境污染治理中的作用及措施［J］.工程建设（维泽科技），2023，6（3）：195-197.

［28］ 唐建强.水环境监测及水污染防治问题应对措施探析［J］.中文科技期刊数据库（全文版）自然科学，2022（9）：4.

［29］ 陶釜峰.水环境监测及水污染防治探究［J］.资源节约与环保，2022（2）：60-62.

［30］ 马静.水环境监测及水污染防治探究［J］.清洗世界，2022，38（11）：104-106.

［31］ 单亮，陈竹，宋美真，等.水环境监测及水污染防治问题应对措施分析

［J］.皮革制作与环保科技，2022（13）：3.

　　［32］ 蒲慧晓.水环境监测技术及污染治理研究［J］.资源节约与环保，2022
（8）：49-52.

　　［33］ 翟晓亮.加强水污染治理和水环境监测的有效措施和途径［J］.经济技
术协作信息，2021（17）：111.

　　［34］ 何贤骏.水资源保护及其可持续利用［J］.中文科技期刊数据库（全文
版）自然科学，2022（4）：3.

　　［35］ 常全忠.地下水资源的保护与可持续利用［J］.工程技术发展，2022，
3（3）：82-84.

　　［36］ 李昕妍.可持续发展视角下水资源的保护和利用探讨［J］.2021
（5）：258.